ELEKTRODYNAMIK
GRAVITATION

HARMONIE ODER DISKREPANZ

EIN KLASSISCHES PARADIGMA

Bibliografische Information der Deutschen National-bibliothek:

Die Deutsche Nationalbibliothek verzeichnet diese Publikation in der Deutschen Nationalbibliografie. Detaillierte bibliografische Daten sind im Internet über http://dnb-dnb.de abrufbar.

Print - Ausgabe: *ISBN 978 - 3 -75199 - 401 - 9*

Autor: Robert G. Brunner
Cover-Gestaltung: Marc R. Brunner

Herstellung und Verlag:
BoD – Books on Demand, D 22848 Norderstedt
www.bod.de

FSC
www.fsc.org
MIX
Papier aus verantwortungsvollen Quellen
Paper from responsible sources
FSC® C105338

FÜR MEINE FAMILIE

ANNO 2020

TensorMat
Versuchsaufbau zur Impulsgenerierung

ELEKTRODYNAMIK GRAVITATION

HARMONIE ODER DISKREPANZ

EIN KLASSISCHES PARADIGMA

ROBERT G. BRUNNER

Inhaltsverzeichnis Seiten

Warum dieses Buch?

Wer sich, warum auch immer, ehrlich für moderne Physik interessiert, kommt davon schwerlich wieder los, aber in der heutigen Zeit auch sehr schnell in eine gedankliche Sackgasse. Irgendwie passen augenscheinlich vielfältige Informationen nicht wirklich zusammen, permanent neue Begriffe geistern durch den physikalischen Alltag und die Frage - *was unsere Welt wirklich zusammenhält* - wird immer undurchdringlicher. Wieviel Wunschdenken und wie wenig Realität bei vielfältigen Ausführungen und Behauptungen dabei inhaltlich sind, zeigt sich deutlich am lange gesuchten Higgs-Boson. Es wurde nicht nur als Teilchen aller Teilchen, zum Gottesteilchen hochstilisiert, mit seinem Nachweis sollten sich auch alle Wissenslücken im Standardmodell schließen. Skeptiker sahen zu Beginn mit dessen Realisierung eine Kettenreaktion und den Weltuntergang voraus. CERN machte es 2012 möglich, der Nachweis gelang, wir leben immer noch und der Erkenntnisgewinn hält sich wohl auch in Grenzen. Aber bereits bei bekannten und simpel erscheinenden Themen in der Physik, so zum Beispiel bei der Coulombkraft und der Gravitationserscheinung, die wir in diesem Buch schwerpunktmäßig behandeln, haben elementare Fragestellungen kein Publikum und sind daher bisher auch nicht beantwortet worden. Zur Verdeutlichung: Beim Coulomb´schen Gesetz - $F = Q_1 Q_2 / \epsilon_0 4 \pi R^2$ - sind die beiden Ladungsmengen Q_1 und Q_2 enthalten, die ja bekannterweise ein Vielfaches der Elementarladung e sind. Ferner wird den Werten $4 \pi R^2$ eine Kugeloberfläche zugeordnet, und weil der damit errechnete Quotient $F = Q_1 Q_2 / 4 \pi R^2$ den beobachteten Messergebnissen nicht entspricht, der Proportionalfaktor ϵ_0 eingeführt. Fragt man die Literatur nach dem Elementarteilchen e bzw. diesem Proportionalitätsfaktor, dann sind die Antworten kurz und bündig. So zum Beispiel: Die Elementarladung e ist die kleinste frei existierende elektrisch Ladung - $e = 1{,}60 \ 10^{-19}$ As - und die Permittivität - $\epsilon_0 = 8{,}85 \ 10^{-12}$ As / Vm - wird als elektrische Durchlässigkeit im Vakuum erwähnt. Punkt und Ende der Erläuterungen!!!!

Durchlässigkeit wohl deswegen, da im Ohm'schen Gesetz V/A als Widerstand definiert ist. Somit geht als Einheit auch s / Ω m. Na ja, nicht gerade selbsterklärend. Oder? Es erfolgen keine weiteren essentiellen Angaben, soll heißen, der Interessent bleibt im Ungewissen, besser im Dunkeln, was ein Elektron ist und was der Proportionalfaktor bedeuten kann. So mutiert das Verständnis hinsichtlich unseres heutigen Coulomb´schen Gesetzes doch mehr in Richtung Anwendung und Auswendiglernen. Solche Angaben reichen problemlos zum Rechnen und zur Nutzung der Gesetzmäßigkeiten, aber keinesfalls zu einem weiterführenden Verständnis des **Warum** und **Wie**. Eine Antwort zum Beispiel, wie das Elektron respektive die Elektronen das gegenseitige Auseinanderdriften generieren, oder wie unterschiedliche Ladungsmengen Kräfte gleichen Betrags bedeuten können, bleibt daher vollkommen im Ungewissen.

Und genau an solchen Stellen setzt das vorliegende Buch an. Jenseits eines finalen, wissenschaftlichen Anspruchs, einer umfassenden Gültigkeit oder für begeisterungsfähige Nachkommastellen werden zur Gravitation und zu deren Umfeld Fragen nach dem **Warum** und dem **Wie** gestellt. Letztlich ist es vielleicht auch nicht mehr und nicht weniger als die persönliche Suche nach Antworten in einem komplexen physikalischen Umfeld, jenseits von RT und QED. Wir werden sehen. Der Inhalt dieser Arbeit konzentriert sich auf das Thema Gravitation und hier auf die Newton´schen Gesetzmäßigkeiten, zeigt dabei aber auch, dass Gravitation und elektrische Feldkräfte einen gemeinsamen Ursprung im atomaren Wirken haben. Auf dem Weg dorthin begleiten uns physikalische Größen wie Kräfte, Massen, Naturkonstanten u. a., die ebenfalls besprochen werden. Mit der dabei möglichen Harmonisierung von Feldkraft, Trägheit und Gravitation werden Schlussfolgerungen und Sichtweisen möglich, die die Relativitätstheorie und die Quantenphysik tangieren. Als Ergebnis bleibt eine einheitliche, durchgehende Betrachtungsweise, die atomare Abläufe in den Mittelpunkt stellt und sich an dreidimensionalen Paradigmen orientiert.

Symbole und Einheiten

Tabelle 01-01

Symbol	Einheit	Benennung
α		Feinstrukturkonstante
a	m / sec^{-2}	Beschleunigung
A	m ^{2}	Fläche
As	m^{2}	Spantfläche
c	m / s	Lichtgeschwindigkeit
c		Indizes Coulomb
c*	m/s	Operative Lichtgeschwindigkeit
e	As	Elementarladung
E	V / m	Elektrische Feldstärke
E	kgm^{2} / s^{2}	Energie
e		Indizes Elektron
E		Indizes Erde
E^{m}	Jm	Joulemeter
Eo	J	Elektronenenergie, 2 x Ekin o. Epot
F	kgm/sec^{2}	Kraft
G	N m^{2}/kg ^{2}	Gravitationskonstante

Symbol	Einheit	Benennung	Tabelle 01- 02
G	N / m²	Gleitmodul	
g	m / sec^{-2}	Erdbeschleunigung	
H		Indizes Wasserstoffatom	
h	Js	Planck´sches Wirkungsquantum	
I	A	Elektrischer Strom	
m	kg	Masse	
M	kg	Masse als Vielfaches vom mp	
N		Indizes Newton	
O	m²	Oberfläche	
p		Indizes Proton	
p	N / m²	Druck	
Q		Ladung als Vielfaches von e	
R	m	Zentrumsabstand	
Ry	kg m / s	Impuls	
s	m	Wegstrecke	
T	sec	Laufzeit von 0 - π bzw. π - 2π	
t	sec	Zeit	
U	V	Elektrische Spannung	
v	m/s	Geschwindigkeit	
V	m³	Volumen	
W	J	Arbeit / Energie	
x; y; z		Koordinaten	
α		Winkelangabe	
ΔE	J	Energiedifferenz	

Symbol	Einheit	Benennung	Tabelle 01-03
εa	s^{-2}	Winkelbeschleunigung, Atom	
εe	s^{-2}	Winkelbeschleunigung, Elektron	
εr		Relative Permittivität	
εo	AS / Vm	Permittivität im Vakuum	
ζ	s^{-1}	Taktung	
η		Kräftequotient	
η*		Kehrwert von η	
Θ	kgm^2	Trägheitstensor	
μ		Friktionswert	
μo	H / m	Permeabilität im Vakuum	
ν	s^{-1}	Frequenz	
Φ	Am	Magnetischer Feldstärke	
φ	rad	Drehwinkel	
ω	s^{-1}	Winkelgeschwindigkeit	
ωa	s^{-1}	Winkelgeschwindigkeit, Atom	
ωe	s^{-1}	Winkelgeschwindigkeit, Elektron	
ω´o	s^{-1}	Winkelgeschwindigkeit	
ωo	s^{-1}	Winkelgeschwindigkeit, operativ	

Einleitung

Liebe Leserinnen, liebe Leser, Sie interessieren sich für Physik, gut, machen wir uns auf den Weg durch dieses Buch. Zugegebenermaßen, dessen Inhalt mit seinen Themen wird keine leichte Lektüre werden, denn neben physikalischen Grundkenntnissen ist auch die vertraute Handhabung mathematischer Algorithmen beim Lesen bzw. beim Studium sehr hilfreich. Erfahrungsgemäß ist es nicht ganz einfach, Gewohnheiten und damit einmal gelernte Strukturen aufzugeben und Sachverhalte neu und neutral zu betrachten. Hinzu kommt, ohne Mathematik geht es in der Physik nun einmal nicht und in der theoretischen Physik schon gar nicht. Aber letztlich bleiben alle Ausführungen in diesem Werk klassisch und verständlich. Die Kernaussagen folgen unseren Erfahrungen, unserem Wahrnehmungsvermögen und unseren Denkschemata und können somit von jedermann problemlos nachvollzogen werden.

Die essentielle Zielsetzung dieses Buches und der einhergehenden Kapitel ist daher, bekannte und bewiesene Physik, im Sinne ihrer Messergebnisse, zu akzeptieren, keine neuen Unbekannten einzuführen, aber gleichzeitig die damit einhergehenden Theorien, sprich Paradigmen, zu hinterfragen und zu harmonisieren.

Es mag als Widerspruch erscheinen, sich mit physikalischen Themen zu beschäftigen und gleichzeitig zu Beginn anzuzeigen, dass man heutige moderne Physik nicht mehr wirklich verstehe. Aber so ergeht es vielen Leserinnen und Lesern zur Zeit. Egal ob man Printmedien, die Presse oder das Internet bemüht, irgendwo widersprechen sich Themen, sind nicht nachprüfbar oder sogar auf Anhieb unglaubwürdig. Permanent werden Fakten, Visionen, Fiktionen und Manipulationen durcheinandergewirbelt und als letzte Wahrheit vorgestellt. Formulierungen wie - *die eine oder andere Theorie erlaube dies nicht* - setzen dem Ganzen dann noch das berühmte Sahnehäubchen auf. Seit wann kann denn eine Theorie etwas in der Natur nicht erlauben?

Die Gründe dafür mögen vielfältig sein. Verbesserte Messergebnisse, zum Beispiel bei Naturkonstanten, können wünschenswert sein, bringen aber kaum Erkenntnisgewinn, Visionen helfen meist nur der eigenen Karriere im komplexen wissenschaftlichen Apparat, Fiktionen erhöhen die Aufmerksamkeit und Manipulationen die monetären Umsätze. Eigentlich sollte ein zielorientiertes, transparentes und abgesichertes Vorgehen unserer aller Interesse sein und damit unserem Denkorgan kognitive Verzerrungen, hin bis zur Schmerzgrenze, ersparen.
Das Buch von Alexander Unzicker mit dem Titel - *Warum die Physik sich verlaufen hat* - oder von Sabine Hossenfelder - *Das hässliche Universum* - sind ein deutliches Zeugnis zu diesen Problematiken.
Dem geht voraus, dass unsere Sinne und unsere gedanklichen Fähigkeiten zum Verständnis der Natur eigentlich ausreichen sollten. Mathematisch mögen imaginäre Zahlengerüste, Hilbert-Räume und unbewiesene Annahmen vielleicht hilfreich und notwendig erscheinen, aber mit der Wirklichkeit haben solche Rechenoperationen wohl wenig zu tun. Selten sind neue Theorien auf Anhieb konsistent und bedürfen daher der Feinabstimmung, aber gerade deshalb sollen und müssen offene Fragen ehrlich und deutlich genannt werden. Theoretische Physik muss mathematikorientiert sein, was aber keineswegs heißt, dass Mathematik deswegen Physik ist. *Mathematik darf der Physik keine Vorgaben bei der Anwendung ihrer Algorithmen machen.* Die Überbewertung der Mathematik im Rahmen der Beschreibung der Naturgesetze vernebelt die wahren Gegebenheiten sehr. Wie sonst kommen Multiuniversen, Zeitreisen, gekrümmte Räume, masselose Energieteilchen und vieles andere zu Ehren.

Ferner führen gerade bei stofflichen Reaktionen, wie elektromagnetischen und gravitativen Erscheinungen, vielfältige, aber voneinander unabhängige Annahmen zu oberflächlichen Vorstellungen und was noch dramatischer ist, zu schwer durchschaubaren Irrwegen.

Die Unvereinbarkeit der Relativitätstheorie und der Quantenphysik ist ein typisches Beispiel dafür und dies, obwohl deren beider Ergebnisse bewiesen und bestens bewährt sind. Kommen zusätzlich noch Visionen und Fiktionen ins Spiel, dann ist das physikalische Chaos perfekt. Aktuelle Lehrbuchinhalte, wie -*Protonen bestehen aus einer Vielzahl von Quark-Anti-Quarkpaaren, Gluonen und den nach außen sichtbaren Valenzquarks. Das einzelne Quark kann jedoch nicht nachgewiesen werden, da diese immer in Dreiergruppen auftreten*- lassen wohl auch zukünftig kaum baldige Besserung erwarten.
So quälen sich weltweit Physiker, Studenten und Schüler mit einer in ihren Ergebnissen zutreffenden Physik, aber auch mit vielfältigen Paradigmen und Festlegungen, die sich jeglicher sinnhaften Vorstellungen entziehen.

Betrachten wir zur Veranschaulichung die offensichtliche Diskrepanz zweier essentieller Naturkonstanten aus der Elektrodynamik, die Permittivität (ϵo = 8,85 /10 ^{12} As/Vm) und die Permeabilität (μo = 1,26 /10 ^{6} H/m). Beide sind einheitenbehaftet und wirken hinsichtlich ihrer Anwendung teils als reine Proportionalitätsfaktor bzw. Anpassungsgrößen. Obwohl nicht erklärungsbedürftige Proportionen eigentlich keine Einheiten außer 1 besitzen dürften, ergibt sich das Drama dieser beiden Faktoren durch ihre Verknüpfung. Da die Lichtgeschwindigkeit der Wurzel aus dem reziproken Produkt von elektrischer und magnetischer Feldkonstante entspricht, also mathematisch $c = (\epsilon o\ \mu o)^{-1/2}$ ergibt, zeigt sich doch damit gleichzeitig sehr anschaulich, dass die einzelnen Faktoren einem komplexen, mathematischen Konstrukt entspringen, auf irgendeine Art und Weise die Lichtgeschwindigkeit repräsentieren und damit an atomaren Vorgängen beteiligt sind. Daraus folgt aber auch, dass Naturkonstanten, die mehr als eine Einheit beinhalten, keine endgültigen Grundgrößen sein können und physikalische oder im Grenzfall atomare Prozesse vertreten, die in ihrem Zusammenspiel konstant sind, bzw. sich auf Quantenabläufe reduzieren lassen.

So leben wir in der heutigen physikalischen Praxis mit der Tatsache, dass unsere Ergebnisse richtig, korrekt und anwendbar sind, deren Deutung und Beschreibung, d. h. das **Wie** und das **Warum**, oftmals einfach unverstanden oder sogar falsch erscheinen.
Kommen dann noch handwerkliche Unterlassungen hinzu, so zum Beispiel die Beschreibung des Elektrons einerseits als dynamisches System, also als ein kreisendes Partikel und andererseits als ein punktförmiges Etwas, dann ist ein Umdenken angebracht.
Ferner fällt auf, dass Axiome, d. h. physikalische Grundsätze, die nicht, oder besser, bisher nicht bewiesen werden konnten, oft am Anfang einer Theorie stehen und somit als deren Grundlage genutzt werden. Zum Beispiel trifft dies für das zweite Newton´sche Axiom der Kraft zu. Es ist definiert als die zeitliche Änderung eines Impulsvektors, d. h., für eine konstante Masse gilt in der mathematischen Schreibweise $F = m\ dv/dt$. Nur warum die Masse auf dv/dt, also auf eine Beschleunigung mit einer Kraftreaktion, mit einem Widerstand antwortet, wird nicht ersichtlich.

Wer sich mit Naturwissenschaften speziell mit Physik beschäftigt, der weiß, dass Gravitation und Masseträgheit grundlegende Themenbereiche im heutigen theoretischen und auch praktischen Physikalltag sind. Trotz vielfältiger Bemühungen können diese materiellen Ausprägungen, also die Masseanziehung und die stoffliche Trägheit, per dato nicht zufriedenstellend erklärt werden.

Beide Erscheinungen zeigen Besonderheiten, die sich mit den Erfahrungen und den Gesetzmäßigkeiten unserer vertrauten, dreidimensionalen Welt bisher nicht ausreichend beschreiben lassen. Eine harmonisierende Bewertung dieser materiellen Ausprägungen führt zwangsläufig zu atomaren Prozessen und deren Veränderung durch externe Größen bzw. energetische Einflüsse zu atomaren Prozessverschiebungen.

Prozessverschiebungen sind daher temporäre bis bleibende Asymmetrien im atomaren Gefüge respektive in dessen dynamischer Struktur, was man auch als atomaren Prozessablauf bezeichnen kann. Diese Veränderungen sind wiederum verantwortlich für mess- und beobachtbare Ausprägungen der Materie, wie zum Beispiel vielfältige Kraftwirkungen.

Die Berechnung der Gravitationskonstante als zentrale Größe innerhalb der Gravitationsbetrachtungen aus atomaren Werten ist daher möglich und die Ursache der Gravitationserscheinung kann auf eben diese atomaren Größen zurückgeführt werden.
Mit einer solchen Betrachtungsweise können physikalische Erscheinungen quasi partikelfrei, mit Focus auf den jeweilig beteiligten Energiebetrag, beschrieben werden. Sie führen hinsichtlich ihrer Darstellung zu einheitlichen und durchgängigen Betrachtungsweisen und lassen weiter Schlussfolgerung zu, da diese paradigmenunabhängig sind.
Damit werden die ebenfalls erwähnten Newton´schen Axiome verständlicher und können als mathematische Beschreibung materieller Reaktionen verstanden werden.

Die Zusammenhänge zeigen aber auch, dass gravitative Ausprägungen in den jeweiligen Stoffen angesiedelt sind. An sich eine logische Schlussfolgerung, denn wenn Masse schon Masse „anzieht“, dann sollten doch eben auch diese Massen dafür verantwortlich sein.

In diesem Sinne, packen wir´s an.

Anmerkung
Bei den nachstehenden Ausführungen werden, besonders hinsichtlich des mathematischen Vorgehens, nicht alle Einzelheiten, heißt, jeder Rechenschritt aufgezeigt. Dies würde nicht nur den Rahmen dieser Betrachtungen sprengen, sondern auch deren Übersichtlichkeit deutlich schmälern. Die Aufgabe eines Lehrbuches im eigentlichen Sinne können und sollen die vorliegenden Zeilen nicht übernehmen

Aufbau und Vorgehensweise

Bevor wir uns mit den detaillierten Überlegungen zum Thema Gravitation und dessen Umfeld beschäftigen, müssen wir uns hinsichtlich diverser Annahmen verabreden. Dies ist einerseits notwendig, damit keine Missverständnisse auftreten und andererseits hilfreich, um auf direktem Weg zu Ergebnisse zu kommen. Da wir uns im euklidischen Raum bewegen wollen, wählen wir zur Visualisierung unserer Vorhaben das Atommodell nach Niels Bohr. Nach diesem umkreisen Elektronen auf unterschiedlichen Bahnen, nach den Gesetzen der klassischen Physik, einen Atomkern. Dieser Kern besteht aus Protonen und Neutronen. Erwähnt werden soll an dieser Stelle ebenfalls, dass ein freies Neutron in kürzester Zeit in ein Proton und ein Elektron zerfällt, also im Umkehrschluss aus einem Proton und einem Elektron besteht. Weiterhin nutzen wir aus dem Angebot des Periodensystems der Elemente das Wasserstoffatom - H $_{1/1}$ - für unsere Überlegungen. Es ist ein überschaubares Element, da dies nur ein Proton und ein Elektron enthält. Ferner sind dessen physikalische Kennwerte hinreichend bekannt.

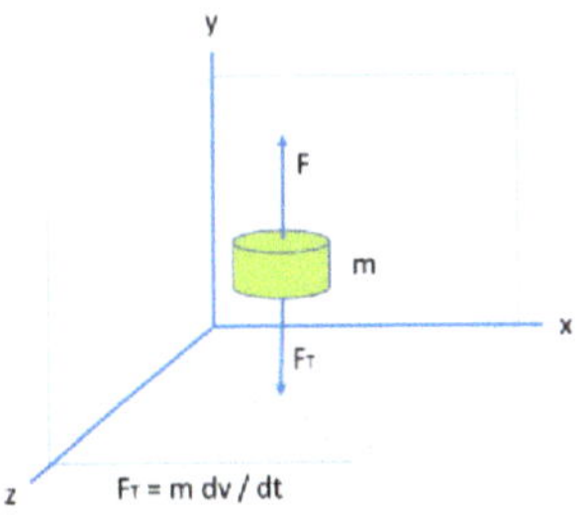

Bild 01

Zur eindeutigen Orientierung im Raum soll ein dreidimensionales, cartesisches Koordinatensystem dienen, mit dem die Sachverhalte räumlich anschaulich und übersichtlich beschrieben werden können. Auch ist es zweckmäßig, Abstände zwischen Systemen, d. h. Massen, Elektronen u. a., mit dem Abstand R = 1 m anzunehmen.

Dadurch erhält man handhabbare Werte und kann leicht auf andere Beträge von R schließen. Zweckmäßig ist es auch, mit Elektronenlaufzeiten für eine halbe Kernumrundung zu rechnen, da schwingende und oszillierende Systeme eine Symmetrie aufweisen können, d. h., der dynamische

Vorgang der Bewegung von φ = 0 - π bzw. φ = π - 2 π sich nur durch dessen Vorzeichen (+/-) unterscheidet und daher, zum Beispiel, Beschleunigung bzw. Verzögerung gleichen Betrags sind.

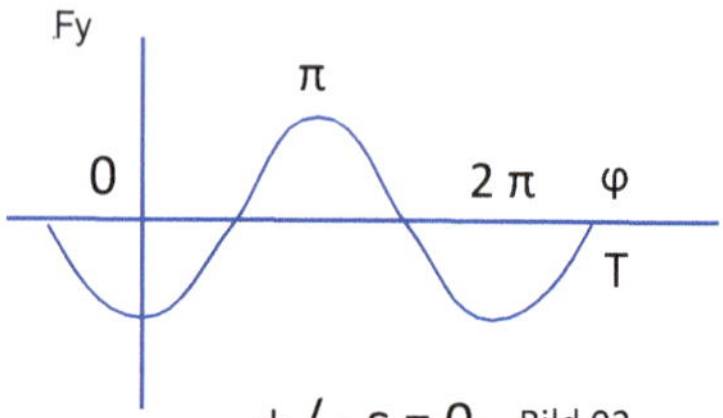

$+ / - \varepsilon = 0$ Bild 02

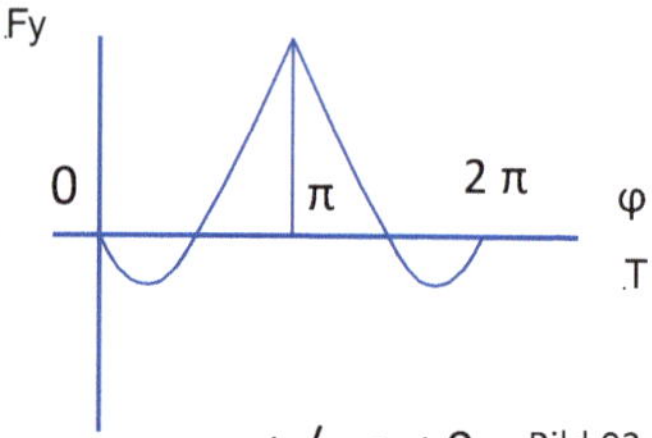

$+ / - \varepsilon \neq 0$ Bild 03

In den ersten drei Kapiteln wollen wir uns auf dieser Grundlage so mit bekannten, wichtigen und daher grundlegenden Akteuren der heutigen Physik auseinandersetzen, nämlich mit Kräften, der Masse und den Naturkonstanten.

Im Überblick

Massen und ihre Definition
Der Massebegriff und die damit einhergehende indirekte Massedefinition wird besprochen.

Kräfte in der Physik
Die Kraftdefinition und die Vielfalt von Kräften wird vorgestellt.

Natur von Konstante
Konstanten an sich und Naturkonstanten im Speziellen, werden in diesem Kapitel erläutert.

Geschwindigkeitsquadrate in der Physik
In Kapitel vier besprechen wir die Aussagekraft und Besonderheiten von Geschwindigkeitsquadraten - c^2 u. v^2 - in der naturwissenschaftlichen Anwendung.

Anmerkungen zum Zeitbegriff
Die Zeit in der Physik. Eine physikalische Größe oder nur ein Vergleichswert?

Das Coulomb´sche Gesetz
Vorstellung eines alternativen Coulomb´schen Gesetzes, ohne Permittivität und elektrischer Ladung.

Das Newton´sche Gesetz der Gravitation
Gravitation als logische Fortschreibung des Alternativen Coulomb´schen Gesetzes

Lichtgeschwindigkeit c
Wir fragen uns, warum die Lichtgeschwindigkeit eigentlich immer konstant sein muss.

Axiome und deren Nutzung
Kommentare zu Axiomen und deren Nutzung.

Masseträgheit
Die träge Masse als eine atomare Reaktion auf asymmetrische Lageänderungen.

Die Erde
An Hand eines zutreffenden Beispiels werden bisherige Daten genutzt und kommentiert.

Felder im Vergleich
Eine Gegenüberstellung der elektrischen Kraftgesetze.

Das Elektron
Eine logische Ergänzung

Feinstrukturkonstante
Fast nichts Neues

Resümee

Kompendium, alles nochmal in Kürze
Für einen schnellen Überblick, eine Zusammenfassung

Appendix

Massen und ihre Definition

Die Masse ist eine wichtige physikalische Größe und ihre Definition setzt sich aus einem Zahlenwert (Betrag) und einer Einheit zusammen. Sie ist neben Länge, Zeit und Mol bzw. Candela, Amper und Temperatur eine Grundgröße im internationalen SI - Einheitensystem. Der anfänglichen Definition der Masse (1795), mittels eines Liter gasfreien Wassers bei Normaldruck und einer Temperatur von 3,98 ° Celsius, folgte im Jahre 1880 der Kilogramm-Prototyp. Er besteht aus einem Kreiszylinder mit einem Durchmesser von 39 mm und einer Höhe von ebenfalls 39 mm. Es versteht sich von selbst, dass dieser aus Platin gefertigte Zylinder, hinsichtlich seiner Geometrie und seiner Maße, äußerst präzise gefertigt sein muss. Aufbewahrt wird dieser Prototyp in Paris, wobei es weltweit Kopien gibt.

Erwähnenswert ist noch, dass dieser Körper bis heute, also nach ca. 140 Jahren, rund 50 Mikrogramm an Masse verloren hat. Eine belastbare Erklärung dafür gibt es per dato nicht.

SI - Basiseinheiten

Tabelle 02

Basisgröße	Symbol	Dimension	Einheit	Zeichen
Zeit	t	T	Sekunde	s
Länge	l	L	Meter	m
Masse	m	M	Kilogramm	kg
Stromstärke	i	I	Amper	A
Temperatur	T	θ	Kelvin	K
Stoffmenge	n	N	Mol	mol
Lichtstärke	lv	J	Candela	cd

Die internationale Meterkonvention hat daher im Mai 2019 beschlossen, unter anderem, die Definition des Kilogramms an wichtige Naturkonstanten zu koppeln. Deren gibt es beispielweise die Lichtgeschwindigkeit c, das Planck´sche Quantum h und die Gravitationskonstante G. Damit basiert die Festlegung der Masse auf einer Art natürlichem Einheitensystem respektive auf der Planck´schen Konstanten. Messeinrichtungen dafür sind die Wattwaage bzw. die XRCD-Methode, unter Nutzung einer sogenannten Braunschweiger Siliziumkugel.
So weit so gut. Was sich durch die Reform des SI-Systems verbessert hat, ist die Genauigkeitsangabe der damit einhergehenden Stoffmenge, d. h. deren Zahlenwert oder der Betrag des Kilogrammbegriffs, anschaulicher, die Anzahl der Atome bzw. Kernbausteine, die ein solches Kilogramm repräsentieren.

Solche Verbesserungen der Ergebnisse wirken sich bei Größen wie der Zeit oder der Länge direkt aus und können so umfänglich genutzt werden. Bei der Masse mit ihren zusätzlichen aktiven und passiven Eigenschaften, wie Gravitation oder Trägheit, sind exaktere Messergebnisse natürlich wünschenswert, aber nur zum Teil für ein besseres Verständnis hilfreich.

Man könnte es auch salopp so formulieren, - *hinsichtlich Gravitation und Trägheit bleibt alles beim alten* -.

Was hier real erfolgte, ist, bei „Licht" betrachtet, der Vergleich der Gravitationswirkung, mittels eines schwebenden Probanden namens Masse, mit einer elektrischen Leistung. Die Masse ist dabei irgendwie außen vor, respektive wirkt hierbei nur als Hilfsmittel, quasi als eine Art Katalysator. Somit besteht auch nach 2019 die indirekte Definition des Massebegriffes weiter, einfach deshalb, da wir keine bessere Vorstellung, kein besseres Wirkungsbild von ihr haben.

Kräfte in der Physik

Die Kraft ist offiziell eine physikalische Größe und im Sinne des zweiten Newton´schen Axioms als zeitliche Änderung eines Impulsvektors definiert. In der mathematischen Ausdrucksweise heißt dies $F = m \; dv / dt$. In vielen Fällen genügt auch die Schreibweise $F = m \; a$ mit der bekannten Beschleunigung $a = dv / dt$.

Die Kraft ist damit eine abgeleitete Größe im Sinne des SI-Systems mit der Einheit $kg \; m / s^2$.
Sie ist eine in den Naturwissenschaften und im praktischen Alltag bestens bekannte und vielfach bewährte Größe. Kräfte wirken vielerorts. Sie halten Planetensysteme auf deren Bahnen, ermöglichen Bewegungen aller Art und wirken auch im atomaren Bereich, zum Beispiel als Kernkräfte. Die elektrischen oder gravitativen Erscheinungen beruhen vordergründig auf Kraftwirkungen und Kräfte haben auch vielfältige, regulierende Wirkungen, bei Prozessen aller Art. Treten Kräfte unkontrolliert und mit hohen Beträgen auf, können die Folgen verheerend sein.

Damit sind Kräfte deutlich mehr, als oftmals auf den ersten Blick ersichtlich ist.

Jetzt aber erstmal der Reihe nach.

Analysiert man die Sichtweise auf das Newton´sche Axiom der Kraft, bei der die Geschwindigkeit der Masse zugeordnet wird, d. h., das Produkt aus Masse und Geschwindigkeit als Impuls definiert ist, dann lehrt uns die Erfahrung, dass ein der Masse durch eine äußere Kraft aufgezwungener Impuls auch wieder abrufbar ist. Je nach zeitlichem Ablauf kann dies schneller, langsamer oder alternierend erfolgen, was unterschiedlichste Kraftausprägungen bewirkt. Ohne auf Details an dieser Stelle einzugehen, kann man dazu in einer ersten Näherung zusammenfassend feststellen, Masse speichert Bewegungen bei einer gleichzeitigen Änderung ihrer inneren

Dynamik durch Superposition.
Erweitert man das Newton´sche Axiom um den Quotienten mp / mp, also der Protonenmasse, dann ist gut erkennbar, dass durch den Quotienten M / mp = N, also einer dimensionslosen Zahl, die Anzahl der Nukleonen respektive der Elektronen in einem Köper mit der Masse M beschrieben werden. Die Gesamtmasse M eines Körpers wird somit in Verbindung mit mp zum Multiplikator atomarer Geschehnisse. Damit repräsentiert das Newton´sche Axiom in der Schreibweise F = mp dv / dt oder F dt = mp dv Abläufe in der Materie respektive im ausgewählten Wasserstoffatom $H_{1/1}$. Durch Impuls- Kraft- oder Energieeinwirkungen entstehen somit Prozesse bzw. Prozessverschiebungen in dem jeweiligen Atomsystem.
Richtig ist außerdem, dass Kräfte dreidimensional, im Grenzfall quasi auch zweidimensional wirken bzw. generiert werden. Die Lage der resultierende Kraft im Raum folgt dabei immer dem Geschwindigkeitsvektor *v*.

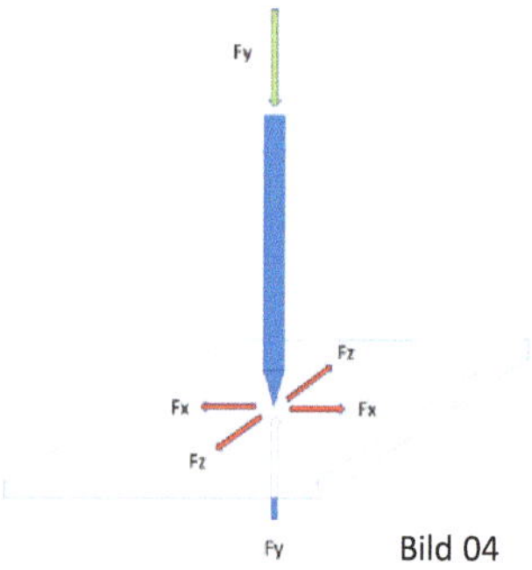

Bild 04

Schemata
ohne
Reibungskräfte

Der Charakter und die mögliche Wirkung eines Impulses lässt sich am nachfolgenden Schema gut verfolgen. Ein Körner zum Beispiel erzeugt, ausgelöst durch einen Hammerschlag, beim Eintreiben in das Eisen eine Grube, also eine dreidimensionale Geometrie, die durch räumliche Verformungskräfte hervorgerufen wird. Die resultierende Kraft Fy entspricht, aus Gleichgewichtsgründen, der vektoriellen Summe der Einzelkräfte.

Eine Kraft kann so komplexe Prozesse auslösen und im Umkehrschluss auch durch solche Prozesse generiert werden. Kräfte zu analysieren kann daher umfangreich sein und eine gesicherte Eindeutigkeit ist oftmals nicht auf den ersten Blick ersichtlich.

Die physikalisch nicht ausreichende Definition des Massebegriffes, eben deshalb, da es nur eine indirekte Festlegung ist, tangiert naturgemäß auch den Kraftbegriff, wegen $F = m\ dv / dt$, und führt im physikalischen Alltag zu einer Vielzahl von unterschiedlichen Betrachtungsweisen und weiteren Definitionen. Erschwerend kommt hinzu, dass jede dieser Kraftwirkungen, je nach Sichtweise und Zweckmäßigkeit, festgelegt ist.
Neben der impulsrelevanten Kraftdefinition $F = m\ dv / dt$, also dem Newton´schen Axiom, sind weitere Kräfte in den unterschiedlichsten Formulierungen bekannt.

In der Literatur findet man zum Beispiel:

Friktion	$F_R = \mu\ F_G$	Gravitation	$F = G\ M_1 M_2 / R^2$
Zentrifugal	$F = m\ v^2 / r$	Elektrik	$F = Q_1 Q_2 / 4 \pi \varepsilon o\ R^2$
Hydraulik	$F = k\ A\ \rho\ v^2 / 2$	Magnetik	$F = \Phi_1 \Phi_2 / 4 \pi \mu o\ R^2$

Basisgrößen respektive derer Kombinationen sind rot, Konstanten blau gekennzeichnet.

Diese Aufzählung ist sicherlich nicht umfassend, aber für weitere Betrachtungen ausreichend. Die einzelnen mathematischen Beschreibungen lassen folgende Schlussfolgerungen zu: Die Berechnung der Reibungskraft gestaltet sich mittels eines einheitenfreien Faktors relativ anschaulich. Er hängt in erster Näherung von den kontaktierenden Materialen, deren Oberflächenbeschaffenheit und gegebenenfalls von einem die Flächen mehr oder weniger trennenden Schmierfilm ab.
Presst man zum Beispiel permanent Luft oder Flüssigkeit zwischen die Kontaktflächen, dann wird dies durch minimalste Reibkräfte begleitet. Zentrifugal- und Hydraulikkräfte generieren sich aus Basisgrößen des SI-Systems und werden dort wo notwendig, mittels eines Formfaktors, angepasst.

Hinsichtlich Gravitation, Elektrik und Magnetik fällt auf, dass diese drei Kraftbeschreibungen einem anderen, aber doch einheitlichen Formalismus folgen. Allerdings fehlt bei der Gravitation die Interpretation einer Kugeloberfläche ($4 \pi R^2$) und der Massebegriff wird bei Elektrik und Magnetik durch zusätzliche physikalische Größen ersetzt. Bei all diesen Gleichungen stellt sich die Frage, inwieweit diese eine direkte oder indirekte Wirklichkeit beschreiben und wie Kraftwirkungen generiert werden. Die Quasi-Kongruenz von Gravitation, Elektrik und Magnetik könnte ein Hinweis darauf sein, dass Masse, Ladung und Magnetik einen gemeinsamen Ursprung haben.

Dann aber wären auch die Konstanten G, die Permittivität εo und die Permeabilität μo detaillierter zu bewerten.

Ergänzend zu diesen Ausführungen sei auch noch auf die Wechselwirkung zwischen Kraft respektive Impuls und dem Energiebegriff hingewiesen.

Es ist mathematisch rechtens, das Newton´sche Axiom der Kraft mittels des Quotienten dv / dv = 1 zu erweitern. Damit gilt die Form F = m dv dv / dt dv oder auch $F = m\, d^2v / dv\, dt$ bzw. $F\, ds = m\, d^2v$, wobei $m\, d^2v = E$ dem allgemein bekannten Energiebegriff entspricht. Mit diesem erlaubten „Kunstgriff“ eliminiert man die Größe dt und den ebenfalls im praktischen Alltag unansehnlichen Begriff der zeitlichen Änderung eines Impulses oder einer Geschwindigkeit, d. h. den einer Beschleunigung respektive Verzögerung. Die Glieder F ds und $m\, d^2 v$ erlauben so, zwar mit zusätzlichen Begriffen, aber auf der Grundlage von Impulsbetrachtungen, vergleichend zu rechnen.
Jetzt noch ein kleiner Ausflug in die Flexibilität der Mathematik. Erweitert man das Newton´sche Axiom der Kraft nicht mit dem Quotienten dv / dv, sondern zum Beispiel mit dt / dt, was absolut gleichwertig ist, da es sich ebenfalls um den Wert 1 handelt, dann gilt $F\, d^2t = m\, ds$, was ebenso richtig ist, aber in der Handhabung unpraktischer und in der Anschauung schwieriger wird.

Auf diese Art und Weise ist mit $E = ½ m v^2$ bzw. $E = m c^2$ eine neue energetische und physikalische Größe auf der Bühne der Physik erschienen, die sich allerdings der Frage stellen muss, ob sie eine reale oder eine fiktive Natur verkörpert.

Erwähnenswert ist auch, da wir diese Zusammenhänge für spätere Betrachtungen noch brauchen, dass Angriffspunkt und Wirkungslinie, neben deren Betrag, wichtige Merkmale einer Kraft sind.

Es ist üblich, Vektoren, wie Kräfte und Geschwindigkeiten, zeichnerisch durch Pfeile darzustellen. Kräfte lassen sich in innere und äußere Kräfte einteilen, so zum Beispiel in Trägheitskräfte und die sie verursachenden äußeren Kräfte. *1 kg m / s^2 entspricht dabei 1 N.* Greifen Kräfte an Hebelarmen an, dann ist deren Produkt als Drehmoment definiert. Außerdem sind räumliche Gleichgewichts- ($\Sigma F_{x;y;z} = 0$) und Momentenbedingungen ($\Sigma M = 0$) zu beachten.

Die Handhabung von Vektoren sei an dieser Stelle nur erwähnt, da sie umfangreich und speziell ist. Neben Begriffen wie Skalar und Vektor in der mathematischen und physikalischen Anwendung sind Größen wie Arbeit, Leistung, Temperatur u. a. , die allgemein ausreichend durch Ihren Betrag und ihre Einheit beschrieben werden können, als Skalare definiert.
Haben Größen allerdings noch eine eindeutige Wirkungsrichtung, so sind dies Vektoren. Dazu gehören zum Beispiel Kräfte, Geschwindigkeit, Beschleunigung und auch Momente.

Für unsere weitere Betrachtung soll, weil eben ausreichend, noch auf die Addition respektive Subtraktion von Vektoren eingegangen werden. Die Addition bzw. Subtraktion, in unserem Beispiel zweier Kräfte, erfolgt, indem man die Beträge diese Kräfte quadriert und dann aus der Summe der Quadrate den Wurzelwert bildet.

Nachfolgend in der Sprache der Mathematik

$$F_1^2 + F_2^2 = F_R^2 \text{ oder } (F_1^2 + F_2^2)^{1/2} = F_R.$$

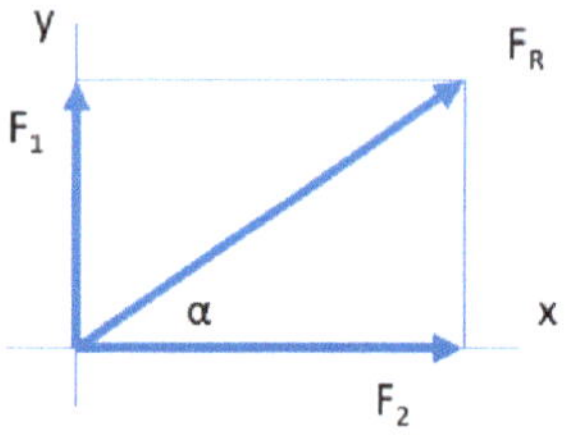

Bild 05

F_R ist dabei die resultierende Kraft aus F_1 und F_2, die wirkungsgleich den beiden Einzelkräften ist und sie definiert durch den Winkel α ebenfalls noch ihre Wirkungslinie , d. h. ihre Lage im cartesischen Koordinatensystem.

Die Position von Vektoren in der Ebene oder im Raum kann auch mit Hilfe der trigometrischen Funktionen behandelt werden.

$$F_R \sin\alpha = F_1 \qquad F_R \cos\alpha = F_2$$

Dies ist aber keine neue Physik, sondern nur ein anderer Zweig, eine andere Beschreibungsform der Mathematik.
So bleibt zum Schluss nur noch der Hinweis, dass in der Mathematik, also auch beim Newton´schen Axiom der Kraft, d. h. bei $F = m\, dv / dt$, die Erweiterung mit $1 = dv / dv$ möglich und korrekt ist. Die ursprünglichen Ergebnisse werden dadurch nicht beeinflusst. Die damit einhergehende Kombinationsfreiheit birgt bei einem solchen Vorgehen jedoch die Gefahr in sich, unverständliche und undurchsichtige Kombinationsgrößen zu definieren.
Stülpt man solchen Größen dann auch noch eine scheinbare Realität über, dann ist man ganz schnell bei Multiuniversen & Co.
Arbeitet man zusätzlich noch im Bereich komplexer Zahlen mit ihrem imaginären Anteil $i = (-1)^{1/2}$, mit Vektoren, Funktionen oder Polarkoordinaten, dann geht eine Anschaulichkeit noch schneller verloren.

Mehr dazu in den folgenden Abschnitten.

Die Natur von Konstanten

Konstanten im Allgemeinen und Naturkonstanten im Speziellen sind Größen, deren Werte sich, zumindest in überschaubaren Zeiträumen, weder räumlich noch zeitlich verändern oder sonst wie beeinflussen lassen sollen. Entsprechend unserem Ordnungsprinzip gibt es hierbei fundamentale und davon abgeleitete Konstanten.

Eine diskussionsfreie Konstante, ohne Wenn und Aber, ist sicherlich die bekannte Kreiszahl Pi. Diese Zahl entspricht dem Quotienten aus Kreisumfang und Durchmesser und wird empirisch ermittelt. Sie ist eine irrationale Zahl, d. h., sie kann nicht durch eine Rechenoperation oder sonst wie ausgedrückt werden.
Die Kreiszahl ist in vielen Bereichen der Naturwissenschaften eine wichtige und bestimmende Größe und wurde erstmals im 18. Jahrhundert von Leonard Euler mit dem Symbol - **π** - ausgedrückt.

Zusammenfassend gilt, Pi ist einfach Pi, sie ist von nichts und niemand abhängig, sie ist keine abgeleitete Größe, da sie keine Einheiten begleiten und erfüllt somit alle Merkmale einer diskussionsfreien Konstanten.

$$\pi = 3{,}14159265358979\ldots\ldots$$

Daneben gibt es fundamentale Konstante, wie die Lichtgeschwindigkeit c (m/s), das Planck´sche Wirkungsquantum h (kg m^2 /s) und die gravitative Konstante G (m^3 / kg s^2). Das gemeinsame Merkmal dieser Konstanten ist, dass sie sich mit einem jeweils konstanten Zahlenwert präsentieren, aber auch von einer Kombination von Basiseinheiten, im Sinne ihres Einheitenbegriffs, begleitet werden. Es sind somit vielfach abgeleitete physikalische Größen. Manche von Ihnen werden hinsichtlich ihres Zahlenwertes als universell eingestuft, soll heißen, sie sollten im ganzen Universum Gültigkeit haben und zeit- und prozessunabhängig wirken.

Mag sein, aber bewiesen sind solche Aussagen noch lange nicht und werden im Rahmen überschaubarer Zeiträume auch nicht bestätigt werden können. Zumindest besteht eine berechtigte Wahrscheinlichkeit, dass solche von einem Einheitenmix ergänzte Größen weit mehr beinhalten, als auf den ersten Blick erkennbar ist, bzw. was unserem augenblicklichen Erkenntnisstand der Wissenschaft entspricht.

Wie komplex das Innenleben einer scheinbaren Konstanten sein kann, soll daher an dem mechanischen Zusammenspiel einer eher simplen Schraubendruckfeder veranschaulicht werden.

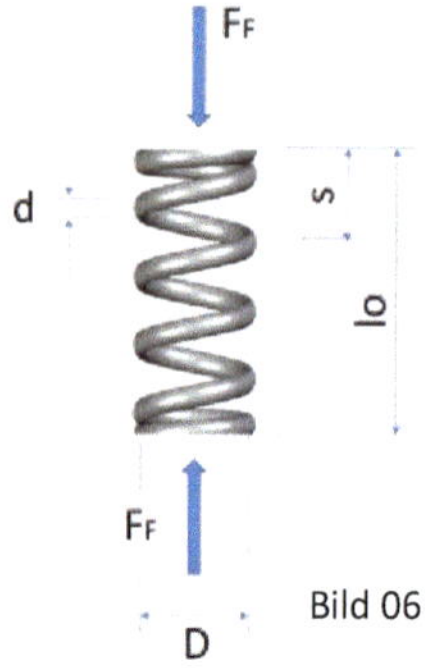

Bild 06

Zum Verständnis benötigen wir dazu die Kennwerte einer solchen Feder.

d	Drahtdurchmesser
D	Mittlerer Wicklungsdurchmesser
lo	Länge der unbelasteten Feder
lb	Blocklänge
n	Anzahl der Windungen
k	Federrate
s	Federweg bei Krafteinwirkung

Die Berechnung einer derartigen Feder erfolgt nach der mathematischen Beziehung F = k x s, eine relativ leicht überschaubare und einfache Angelegenheit. Gut vorstellbar und problemlos anwendbar.
Die diese Rechnung begleitenden Einheiten sind für die Kraft kg m / s^2, für den Federweg m und für die Federrate, einer Konstanten, kg / s^2. Spätesten bei der Einheit der Federrate versagt eine sinnhafte Vorstellung und es ist auf Basis dieser Einheiten bzw. derer Kombinationsformen wohl kaum möglich, eher unmöglich, auf die relativ komplexen Gegebenheiten eines solch beanspruchten Drahtes zu schließen.
An dieser Stelle sei nochmals an die kürzeste Einheit der Gravitationskonstante erinnert, nämlich m^3 / kg s^2. Wahrscheinlich haben wir für sie im Augenblick auch keine plausible Erklärung parat. Oder doch?

So ist es wohl angebracht mit generellen und vorschnellen Aussagen, wie - *Das ist die endgültige, alles umfassende Antwort zu einem bestimmten Thema* - vorsichtig zu sein.

Jetzt zurück zu unserem Probanden der Feder. Die Berechnung des Kraft-Federweges bei einer Druckfeder stellt sich im Detail, unter Berücksichtigung der dabei wirkenden Torsionsbeanspruchung des Materials, im Bereich des Hook´schen Gesetzes - $\Delta l \;/\; l \;=\; \sigma \;/\; E$ - wie folgt dar. $F = G\, d^4\, s \;/\; 8\, D^3\, n$, mit der Einheit kg m / s^2, was ja bekannterweise die einer Kraft ist. Es ist wohl kaum möglich ohne Vorkenntnisse, allein aufgrund des Einheitenmix der Federrate, auf die Arbeitsweise, auf die Verformungsart und ggf. auf die materielle Beanspruchung schließen zu können, um daraus auch noch die Wirkungsweise solch eines doch eher einfachen technischen Bauteils abzuleiten.

In Anlehnung an diese Erkenntnisse ist auch die Sichtweise auf die Einheiten der Gravitationskonstante (m^3 / kg s^2) und anderer Größen in der Physik zu bewerten.
Dieser Betrachtungsweise gilt somit auch für die Permittitviät, die Permeabilität u. a. Konstanten.

Zusammenfassend kann man folgerichtig formulieren:

Physikalische Konstanten, die mehr als eine Basiseinheit im Sinne der SI - Definitionen beinhalten, sind bisher vielfach unverstandene physikalische Zusammenhänge, somit ein mathematisches Konstrukt und beschreiben daher, direkte oder indirekte, atomare Prozesse oder Prozessverschiebungen.

Jetzt noch, zugegebenermaßen eine etwas sarkastische Metapher. Wer glaubt, mit Federn auf Federn werfen zu müssen, um damit mit Hilfe der Bruchstücke und deren Flugbahnen die Konstruktion und Wirkungsweise einer Feder bestimmen zu können, hat sich viel, sogar sehr viel vorgenommen. CERN lässt grüßen!

Geschwindigkeitsquadrate in der Physik

Auf dem Weg bis hierher haben wir den Begriff der Energie durch mathematische Erweiterung kennengelernt und erfahren, dass Betragsquadrate Algebra, wie Addition und Subtraktion von Vektoren, erlauben. So erscheinen Geschwindigkeitsquadrate nicht nur bei der bereits bekannten Energiedefinition - $E = m\ v^2$ - sondern auch im Bereich der Kräfteermittlung, wie zum Beispiel bei der umlaufenden Zentrifugalkraft $F = m\ v^2 / r$.

Wir haben uns aber auch die Frage zu stellen, ob eine solche mathematische Anpassung zu fiktiven oder zu realen physikalischen Größen führt. Diese Frage wollen wir nachstehend nun noch auf einer physikalischen Grundlage beantworten, da der Energiebegriff im allgemeinen eine fundamentale und eine aus der heutigen Naturwissenschaft nicht mehr wegzudenkende physikalische Größe ist, die quasi bereichsübergreifend, auch im praktischen Alltag, eine wichtige Rolle spielt.

Entsprechend des Energieerhaltungssatzes von Robert v. Mayer ist der Energiebetrag innerhalb eines Prozesses eine konstante physikalische Größe, d. h., die Gesamtenergie innerhalb eines geschlossenen Systems ändert sich nicht respektive bleibt vom Betrag her immer gleich.

Geschwindigkeitsquadrate sind hinsichtlich ihrer Verwendung per se erstmal auffällig, da es zumindest auf den ersten Blick keine natürliche Größe gibt, die einem solchem Quadrat bzw. einem entsprechenden Vektor oder Skalar entspricht.

Von atomaren Reaktionen ist bekannt, dass deren Prozesse in der Endphase mit Lichtgeschwindigkeit ablaufen. Zum Beispiel breiten sich Lichtemissionen eben mit dieser Lichtgeschwindigkeit aus. Auffällig hierbei ist, dass die Lichtgeschwindigkeit c, unabhängig der Geschwindigkeit v einer Emissionsquelle, zum Beispiel eines Wasserstoffatoms, als konstante Größe gemessen wird.

Nach Einstein ist die Gesamtenergie eines solchen System durch die Gleichung - $E = m\ c^2$ - repräsentiert. Hierbei ist zu beachten, dass die Lichtgeschwindigkeit im operativen, atomaren Prozess eine resultierende Geschwindigkeit sein muss, die sich aus sphärischen, also dreidimensionalen Komponenten zusammensetzt. Ihre Lage im Raum, d. h. ihre Wirkungsline, ist ggf. von der einwirkenden Größe abhängig.

Das Atommodel nach Bohr, das sogenannte Scheiben-modell eines Atoms, wird durch Nukleonen im Kern und die diesen Kern umkreisenden Elektronen beschrieben. Die Ergebnisse eines solchen Modells sind naturgemäß resultierende physikalische Größen. Diese Vereinfachungen müssen jedoch bei den weiteren Ausführungen, dort wo notwendig, berücksichtigt werden.

Das von uns ausgewählte Wasserstoffatom - H 1/1 - besteht aus einem Proton im Zentrum und einem kreisenden Elektron. Da es sich um ein dynamisches Modell handelt, ist die Kinematik des quasi Massepunktes zur mathe-matischen Beschreibung geeignet. Es handelt sich hierbei um eine Kreisbewegung, die in gleichförmig oder ungleich-förmig unterteilt werden kann.

Systematik und Kennwerte

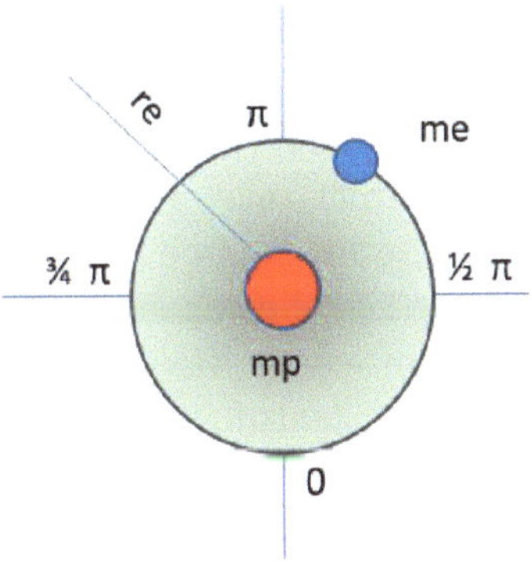

$mp = 1{,}67\ 10^{-19}$ kg
$me = 9{,}10\ 10^{-27}$ kg

$e\ = 1{,}60\ 10^{-19}$ As
$re\ = 0{,}53\ 10^{-10}$ m

$ve\ = 2{,}19\ \ 10^{6}$ m/s
$\omega o' = 4{,}13\ \ 10^{16}$ $^1/s$

$\theta\ = 2{,}55\ \ 10^{-51}$ kg m²
$E\ = 2{,}18\ \ 10^{-18}$ kg m² / s²

Wasserstoffatom H 1/1
Bild 07

Die eine solches System beschreibende Mathematik ist für gleichförmige Bewegungen

$$\varepsilon = 0 \;-\; \omega = v / r \;-\; T = \varphi / \omega \;-\; \varphi = \omega\, T \;-\; E = ½\, \theta\, \omega^2$$

und für ungleichförmige Bewegungen

$$\varepsilon \neq 0 \;-\; d\omega = (\varepsilon\, dT) \quad -\; dT = (d\varphi / \varepsilon)½ \;-$$
$$d\varphi = \varepsilon\, d^2 T \quad -\quad E = ½\, \theta\, \varepsilon \;-$$

Die bei solchen Bewegungsabläufen entstehenden Kräfte respektive die damit einhergehenden Beschleunigungen, parallel zu gewählten Koordinaten, sind aus Bild 08 und Bild 09 ersichtlich.

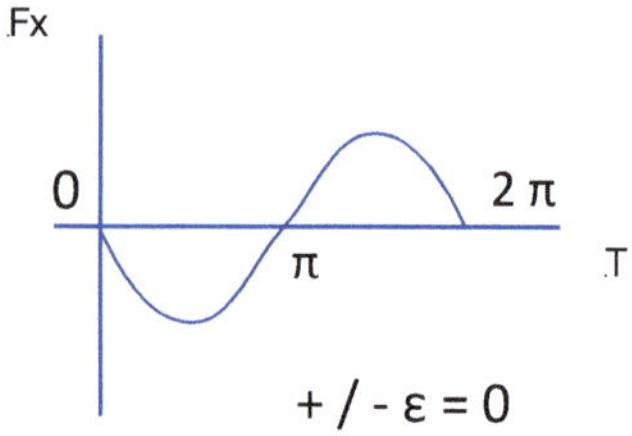

Bild 08

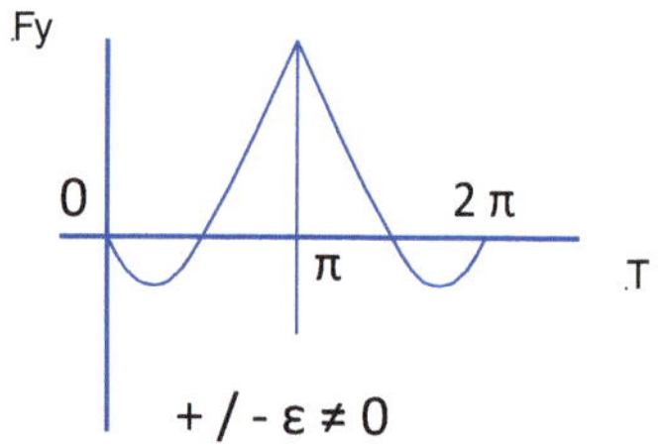

Bild 09

Anmerkungen

Gleichförmig kreisende Systeme sind dadurch gekennzeichnet, dass im ungestörten Zustand, d. h. ohne eine äußere Einwirkung, alle inneren Vorgänge und damit alle physikalische Größen in allen drei Raumkoordinaten, pro Umdrehung, pro Prozess oder was auch immer als Maßstab dienen mag, ausgeglichen sind. Mit anderen Worten, ein gleichmäßig kreisendes Partikel erfüllt alle möglichen Gleichgewichtsbedingungen, d. h., deren Summe ist Null. Beobachtet werden können jedoch Eigenbewegungen um das Drehzentrum, die den *Brown´schen Molekularbewegungen* ähneln, verursacht durch die Zentrifugalkraft und der sie begleitenden Trägheit im Sinne einer Reaktionskraft, sowie der damit einhergehenden Phasenverschiebung.

Die gleichförmige Kreisbewegung kann, bei einer asymmetrischen Überlagerung von Einwirkungen wie Energien, Geschwindigkeiten oder Kräften, oftmals unberücksichtigt bleiben, da sich in Summe deren aktive Größen meistens gegenseitig ausgleichen.

Daher werden wir uns nachfolgend auf ungleichförmige Kreisbewegungen fokussieren, d. h. auf Kinematik, die durch eine gleichmäßige Beschleunigung ε oder durch eine gleichmäßige Verzögerung - ε beschrieben werden können.

Die Winkelgeschwindigkeit in einem solchen System ist eine Variable. In mathematisch Schreibweise gilt daher für $d\omega = dv / re = \varepsilon\ dT$. Berücksichtigt werden muss aber noch, dass die Laufzeit dT, wegen des geschlossenen Systems, also eines konstanten Weges $\varphi = \pi$ bzw. 2π, mit zunehmender Winkelgeschwindigkeit abnimmt und mit abnehmender Winkelgeschwindigkeit zunimmt, also reziprok proportional ist. In der Mathematik wird dies so definiert, dass die Zeit eine Funktion der Beschleunigung ist, also $dT = f(\varepsilon)$. Damit errechnet sich die halbe Laufzeit zu $T = (\varphi / \varepsilon)^{½}$. Das Ergebnis zeigt eindeutig, dass die Laufzeit, ein Zyklus in einem Atom, bei Beeinflussung seiner Größen, zum Beispiel einer Schwingung, sich ändert und zwar im Sinne eines Wurzelwertes.

Je größer die externe Einwirkung auf ein solches System ist, desto stärker ist dessen innere Verzerrung, was als temporäre Asymmetrie eines solchen Systems gedeutet werden kann.

Diese Zusammenhänge zeigen aber ebenso, dass wir mit jeder Messung im atomaren Bereich, dort wo die Messeinwirkungen nicht mehr klein zu den zu erfassenden Objekten erscheinen, keine exakten Ergebnisse erwarten können. Das bedeutet aber ebenfalls, dass wir das Wesen atomarer Geschehnisse, in einem vollkommen ungestörten Zustand, messtechnisch wohl nicht erfahren werden.

Diese gegenseitige Abhängigkeit der genannten Kenngrößen ist auch der Grund dafür, dass gemessene Zeiten in zwei oder mehreren Systemen unterschiedlich sein können.

Die sich beeinflussenden Wechselbeziehungen innerhalb eines Kreissystems zeigen auf klassische Art und Weise sehr anschaulich, und zwar ohne gekrümmte Räume und jenseits Eulerscher Mathematik bzw. komplexen Zahlen, dass das Newton´sche Axiom der Kraft mit der Kinematik eines kreisenden Partikels beschrieben werden kann und daher die Darstellung $F = m\ dv / dt$ mit $dt = d\varphi / \omega$ in die gleichwertige Form $F = m\ d^2v / r$ übergeht und so der anfänglichen Newton´schen Kraftdefinition entspricht.

Damit ist anschauliche der Nachweis erbracht, dass der Energiebetrag eine reale physikalische Größe ist und ebenso einem physikalischen Prinzip entspricht.

Die Tatsache, dass in sich geschlossenen Systemen der innere Ablauf sich zeitabhängig gestaltet, führt bei einer Veränderung der Systemgeschwindigkeit zu zeitlich unterschiedlichen Wahrnehmungen. Wegen $\varepsilon = \omega^2$ kann die Zeit in solch einem Systems auch mit der Beziehung

$$T = (2\varphi / \omega^2)^{½}$$

ermittelt werden. Die Größe ω^2 ist hierbei die Summe der Betragsquadrate der vorhandenen Geschwindigkeiten, d. h. der resultierenden Geschwindigkeit, wie in Kapitel - *Kräfte in der Physik* - gezeigt wurde.

Bei der Superposition zweier Geschwindigkeiten, zum Beispiel c und v in einem System A, folgt der dort vorherrschende Zeitbegriff so der mathematischen Beziehung

$$T = \{2\varphi\ re^2 / (c^2 - v^2)\}^{½}$$

Subtraktion der Betragsquadrate deshalb, da die Lichtgeschwindigkeit ein Maximum darstellt und diese somit durch Überlagerungen atomarer Wirkungen nur reduziert werden kann. So kann das Zeitverhältnis zu einem System B mit der Geschwindigkeit c, also die Zeitrelation zueinander, durch Dividieren gebildet werden und es ist $Tc/Tv = 1/(c^2 - v^2)^{½}$ bzw. durch Umstellen wird

$$Tv = Tc \; (1 - v^2/ c^2) ^{½}$$

Das Ergebnis zeigt die Gemeinsamkeiten respektive Übereinstimmungen mit der Relativitätstheorie und deren Term $\beta = (1 - v^2 /c ^2) ^{½}$ und ist daher kongruent mit der Beschreibung der Zeitdilatation.

Da beschleunigte Systeme auch eine Verzögerung, eine negative Beschleunigung erfahren müssen, um an ihren Ausgangspunkt zurückzukehren, gleichzeitig die Wurzel aus -1 der imaginären Zahl i entspricht, also $i = (-1) ^{½}$ ist, geht das Winkelgeschwindigkeitsquadrat ω^2 für die negative Beschleunigung über in $\omega^2 \Rightarrow (i \omega)^2$, was den Weg ebnet zu den komplexen Zahlen, wo Oszillatoren und Wellengleichungen eine wesentliche Rolle spielen.

Die Quantenwelt mit ihren vielfältigen, variablen Wahrnehmungen unterscheidet sich wesentlich von unseren täglichen Erfahrungen. Die Mathematik hilft hierbei, diese Unterschiede besser zu verstehen. Da komplexe Zahlen bzw. entsprechende Funktionen, die auf der imaginären Zahl i aufbauen, durch mehrmaliges Differenzieren zu Operatoren führen, die physikalischen Größen, so zum Beispiel einem Impuls, entsprechen können, folgen somit solche Differentialoperatoren Objekten, mit denen man rechnen kann und die die Welt des Kleinen, die Quantenwelt, hervorragend beschreiben. Die Eulersche Gleichung - $e^{i\varphi} = \cos \varphi + i \sin \varphi$ -, die einer Wellenfunktion entspricht, besteht so zum Beispiel aus realen und imaginären Gliedern.

Anmerkungen zum Zeitbegriff

In den vorhergegangenen Kapiteln konnten wir erfahren, dass der Zeitbegriff, also die Zeit an sich, in relativ zueinander bewegten Bezugsystemen unterschiedlich empfunden wird. In der euklidischen Mathematik, aber auch bei den Newton´schen Axiomen, wurde dies nicht berücksichtigt, da beide die Zeit als absolute und unabhängige Größe in der Physik betrachteten. Erst Albert Einstein hat durch die Verknüpfung von Raum und Zeit, also durch den Begriff der Raumzeit, diese Zusammenhänge in seiner speziellen Relativitätstheorie aufgezeigt. Unabhängig davon lässt das Newton´sche Axiom der Kraft eine erweiterte Betrachtungsweise zu, wenn man die Geschwindigkeit durch die resultierenden Größe $dv' = (c^2 - d^2 v)^{½}$ ersetzt und ggf. in Relation zu c^2 bringt.

Die Zeitdefinition in Relation auf ein Bezugssystem zeigt, wenn die Zeit eine Abfolge dortiger Ereignisse ist, die eine unumkehrbare Richtung, also eine irreversibel Richtung haben, dass der Zeitbegriff keine reale, sondern eine vergleichende physikalische Größe ist.

Im SI-System hat die Zeit die Einheit einer Sekunde (s) und üblicherweise das Symbol t. Der Betrag einer Sekunde entspricht dem 9.192.631.770 - fachen der Schwingung eines Atoms des Nuklids ^{123}Cs - , also des eines Cs-Atoms. Damit ist also 1 s = 9.192.631.770 / v_{cs} mit der Frequenz v_{cs} = 9.192.631.770 Hz. Diese Definition ist irgendwie - *linke Tasche / rechte Tasche* - und zeigt mehr als deutlich, dass die Zeit eigentlich nur ein Multiplikator für eine bestimmte atomare Schwingungsdauer ist. Somit ist die Sekunde im System Erde nur ein Vielfaches der Periode einer bestimmten Mikrostrahlung. In einer solchen Definition hat die Richtung der Zeit, die Zeitrichtung oder der Zeitpfeil, eine wesentliche Bedeutung.

Da wir aber unterdessen wissen, dass die Zeit oder besser,

die ihr zugrundeliegenden atomaren Perioden, d. h. alle materiellen Schwingungen an sich, keine absoluten Größen sind und immer von mehreren Einflüssen abhängig sein können, ist der auf einen Naturvorgang bezogene Zeitbegriff zu hinterfragen.

Wie auch immer und was auch immer sinnvoll und zweckmäßig bei der Handhabung des Zeitbegriffes erscheinen mag, die Ausgangsgröße ist ein physikalisches Ereignis und daher ist der Zeitbegriff als Realität fiktiv.

Mit anderen Worten formuliert:

Zeit in Sekunden oder ein Vielfaches davon gibt es nicht wirklich. Alles was wir Zeit nennen, entspringt einem physikalischen Vorgang und diese Ereignisse werden damit zur alleinigen Basis von Ursache und Wirkung. Zeit ist daher nicht weniger und nicht mehr als ein indirekter Multiplikator atomarer Geschehen.

Auch wenn wir mit dem Zeitbegriff bestens Rechnen und Vergleichen können, die Zeitdilatation sollte eigentlich sinnvollerweise *Periodendilatation* heißen. Die Vorstellung der Zeit im Sinne eines fließenden Kontinuums ist irreführend und lässt genau so irreführende Annahmen zu.

Wie sonst kann es zu gedanklichen Zeitreisen, vorwärts und rückwärts entlang des Zeitpfeils, mit den absurdesten Überlegungen, wie - *reise in die Vergangenheit, erschieße deinen Opa, damit du nicht geboren wirst* - kommen. Und so etwas nennt man dann auch noch ernsthaft das Opa-Paradoxon.

Solche Überlegungen mögen ein Zeichen kognitiver Fähigkeiten sein, physikalisch sind sie eher einfach Blödsinn, allein schon deshalb, da periodische Schwingungen irreversibel sind. Oder hat man je etwas anderes beobachtet?

Das Coulomb´sche Gesetz

Da der Atomkern definitionsgemäß positiv geladen ist, die ihn umkreisenden Elektronen jedoch negativ, haben Atome in Summe eine ausgeglichene Ladungsbilanz. Ladungen sind gequantelt und ihre kleinste Einheit, die bisher bestimmt werden konnte, ist die Elementarladung mit dem Symbol e. Einem Coulomb entsprechen 6,25 10^{18} Elektronen, was im Umkehrschluss bedeutet, dass ein Elektron 1,60 10^{-19} As entspricht.
Bewegt sich eine Elementarladung oder ein Vielfaches von ihr, so bezeichnen wir die damit einhergehende Wirkung als elektrischen Strom. Strom ist daher in der mathematischen Schreibweise $I = dQ / dt$, also die zeitliche Änderung einer Ladungsmenge, was gleichwertig ist mit der folgenden Beziehung - $I = e\,v\,A\,n$ -
Die scheinbar „abstoßenden", zutreffender, auseinanderdriftenden Eigenschaften von sich gegenüberstehenden Elektronen nennen wir elektrische Kräfte, die durch das *Coulomb´sche Gesetz* beschrieben werden.

Die damit verbundenen Abläufe erfolgen quasi mit Lichtgeschwindigkeit, d. h. mit rund 300.000 m / s, wobei die sogenannte Wandergeschwindigkeit von Elektronen in Leitern nur im Millimeterbereich pro Sekunde liegt.

Obwohl der elektrische Strom für uns an sich nicht wahrnehmbar ist, können wir die Auswirkungen bewegter Ladungen, d. h. deren Energiepotential, als Wärme, Licht oder als mechanische, chemische und magnetische Erscheinungen messen und nutzen.

Das Coulomb´sche Gesetz, der Satz von Gauß sowie die Differenzierungen (dE/dx: dE/dy: dE/dz) sind praktisch gleichwertig. Entsprechend den in Kapitel - *Aufbau und Vorgehensweise* - getroffenen Vereinbarungen sollen nun Größe, Ursache und Wirkungsweise, von zwei sich im Vakuum gegenüberstehenden Elektronen, betrachtet werden.

Abweichend zur gängigen Darstellung werden diese Ladungsträger jedoch in ihrer Gesamtheit betrachtet, d. h. mit all den ihnen zugeordneten Kennwerten wie Radius, Umlaufgeschwindigkeit und Masse.

Das bedeutet, die normalerweise punktförmig angenommene Ladungen ist in unseren Betrachtungen ein elektrodynamisches System und besteht letztlich aus einem quasi kernlosen Wasserstoffatom. Zur Unterscheidung nennen wir ein solches Elektron - *Bohr´sches Elektron* -

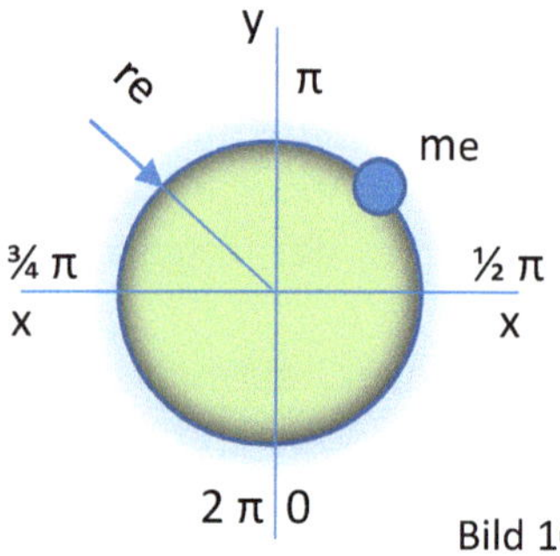

Bild 10

Bohr´sches Elektron

Die wirksame, ursächliche Größe eines solchen das kernlose Zentrum umkreisenden Ladungsträgers ist dessen Energie, mit $Eo = me\ v^2$.

Der Korpuskelradius der Elektronenmasse errechnet sich in etwa zu $r_{me} = e^2 / 4\pi\varepsilon o\ m_e\ c^2$, was 2,81 10^{-15} m entspricht.

Trotz vorliegen solcher Rechengrößen ist per dato keine messbare Ausdehnung des Elektrons beschrieben worden und so wird der freie Ladungsträge, bis heute, als punktförmig angenommen. Ersatzweise wird in der theoretischen Physik mit Wirkungsquerschnitten gearbeitet. Wie heißt es bei Goethes Faust so treffend - *Zwei Seelen wohnen, ach, in meiner Brust* -

Die Systematik zweier sich im Vakuum gegenüberstehenden Elektronen nach Coulomb zeigt Bild 11

Die Kräftewirkung im Vakuum bestimmt sich nach dem Kraftgesetz zu $Fe = e^2 / 4\pi\ \varepsilon o\ R^2$ und ergibt so den Wert

F´e = 2,31 10^{-28} N.

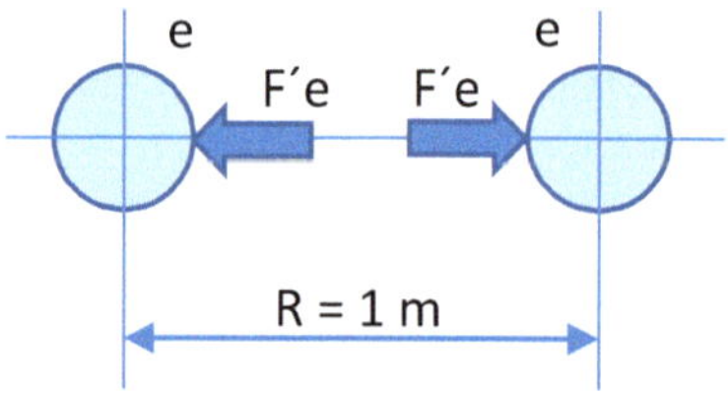

Bild 11

So weit, so gut. Dem ist eigentlich nichts mehr hinzuzufügen, da die Richtigkeit des Coulomb´schen Gesetzes vielfach bestätigt ist.

Unabhängig davon bleiben Fragestellungen hinsichtlich Wirkungsweise und Kommunikation dieser zwei Ladungsträger unbeantwortet.

Da Elektronen mit großer Wahrscheinlichkeit wirkunsrelevant Kugelformen entsprechen, oder zumindest kugelähnlich sind, sei an dieser Stelle noch auf deren Geometrie respektive deren geometrische Verhältnisse zueinander hingewiesen.

$V = 4/3 \pi r^3$ - $O = 4 \pi r^2$ - $A = \pi r^2$

$V/O = r/3$ - $O/A = 4$ - $V/A = 4/3\ r$

Jetzt zurück zu unserem Elektronenpaar.

Da im Coulomb´schen Gesetz, kurz - CeG -, nicht näher auf die Ladungsträger eingegangen wird, deren Kenngrößen und deren Geometrien daher wohl nur indirekt berücksichtigt sein können, schaue wir uns zwei Ladungsträger, d. h. zwei solche Kugelsysteme, etwas genauer an.

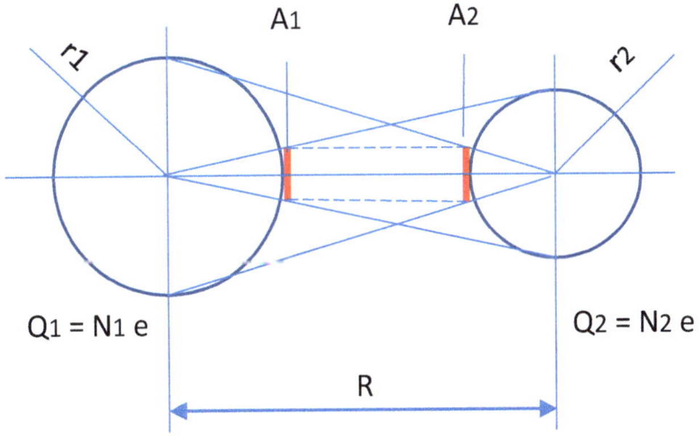

Bild 12

Die Skizze zeigt, dass zwei sich gegenüberstehende kugelförmige Körper, unabhängig ihrer jeweiligen Größe, gleichgroße Projektionsflächen, sogenannte *Spantflächen,* aufweisen. Entsprechend den Strahlungsgesetzen ergeben sich die einzelnen Flächen zu:

$$A_1 = \pi\, re_1^2 \times re_2^2 / R^2 \quad \text{bzw.} \quad A_2 = \pi\, re_2^2 \times re_1^2 / R^2$$

Somit ist $A_1 = A_2 = \pi \; r_1^2 \; r_2^2 / R^2$ und im Sonderfall, wenn beide Körper die gleiche Größe, d. h., den selben Radius haben, gilt für das Flächenverhältnis - aktive Spantfläche zum Gesamtquerschnitt - der Quotient - $A_1 / A = r_e^2 / R^2$ - was ein wichtiger Term für weitere Schlussfolgerungen ist. Da die auf beide Ladungen einwirkenden Kräfte F_1 und F_2 gleiche Beträge aufweisen, somit sich nur in ihrer Wirkrichtung unterscheiden, sind Kenngrößen gleichen Betrags ein starkes Indiz dafür, dass sie an der Kräftegenerierung beteiligt sind.

Gleichzeitig treffen raumgreifende, räumliche Signale, zum Beispiel elektrischen Felder, in diesem Flächenverhältnis beim jeweiligen Partner ein. Ergebnisneutral ist hierbei, ob man die Streuung dieser Energie berücksichtigt oder vereinfacht mit den aktiven Querschnitten rechnet. Die geometrischen Gegebenheiten erlauben daher, den jeweils beteiligten Energiebetrag zuzuordnen. Dieser ist in mathematischer Schreibweise - $\Delta E = Eo \; r_e^2 / R^2$ - Eine äußerst wichtige Erkenntnis, da die wirkenden Energien ohne eine Partikeldefinition auskommen. Für weitere Überlegungen sei an dieser Stelle bereits hingewiesen, dass die jeweils ausgesandten Wirkungsgrößen sich auf halber Wegstrecke treffen und damit in irgendeiner Weise wohl beeinflussen werden.

Wie in dem Kapitel - *Geschwindigkeitsquadrate in der Physik* ersichtlich, wird für aktivierte, ungleichmäßig bewegte Systeme der Energiebetrag - $E = ½\, \theta\, \varepsilon$ - benötigt. Damit erhält man für die Partikelbeschleunigung

$$\varepsilon e = Eo \; r_e^2 / \Theta \; R^2$$

Die damit verbundene „Verzerrung“ der ansonst vorhandenen Symmetrie mit - $\varepsilon = 0$ - lässt sich so mit einem Ladungssystem darstellen, dessen dynamische Eigenschaften nicht einfach unterschlagen werden.

Dieser Sachverhalt, zweier sich im Vakuum befindenden und sich gegenüberstehenden Elektronen, ist aus Bild 13 ersichtlich.

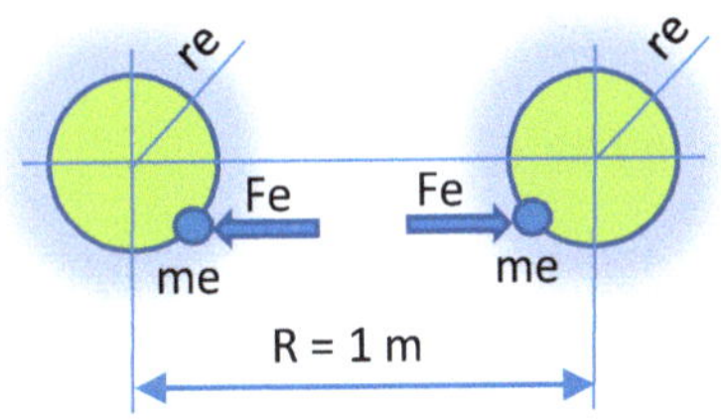

Bohr´sches Elektronenpaar

Bild 13

Solche Elektronenpaare generieren bei Energieeinwirkung, in unserer Betrachtung auf dem Weg von 0 bis π, gegenseitig eine einseitige Beschleunigung und von π bis 2π eine Verzögerung.

Damit verbunden ist eine zunehmende beziehungsweise abnehmende Winkelgeschwindigkeit, was dem Wesen nach einem oszillierenden Systems entspricht. Mit dieser Bewegung der Elektronenmasse geht eine Zentrifugalkraft einher, deren Komponente in Wirkrichtung einer sin-Funktion, d. h. $Fy = F \sin \varphi$ oder $Fy = me\ re\ \omega^2 \sin \varphi$, entspricht.

Wesentlich bei diesen Betrachtungen ist, dass der Energiebetrag pro Periode für die Größe der Kraftwirkung ausschlaggebend ist. Eine hohe Impulsfolge glättet zwar die Kraftfolge, erhöht aber nicht deren Maximalwert.

Diese Aussage ist für die Gravitationsbetrachtung zwischen zwei Atomen, mit Bezug auf ein kreisendes Elektron, von elementarer Bedeutung.

Projiziert man die bisherigen Betrachtungen auf das Bohr´sche Elektronenpaar, d. h. auf einen harmonischen Schwinger, dann wird dessen bisherige symmetrische Dynamik asymmetrisch und die dabei einwirkende Beschleunigung respektive Verzögerung bestimmt sich zu $\varepsilon e = +/- 4{,}80\ 10^{12}\ s^{-2}$

Unter Berücksichtigung des Bahnradius und der Elektronenmasse beträgt die innere Impulskraft **Fe = 2,31 10^{-28} N** und ist damit identisch mit dem Coulomb´schen Ergebnis. Eine elektrische Ladung oder eine Permittivität haben bei diesen Betrachtungen keine Rolle gespielt

In der Zusammenfassung gilt daher, für die elektrische Kraft zwischen zwei Elementarladungen, die Gleichung

$$\mathbf{F = Eo\ re\ /\ \varepsilon r\ R^2}$$

was quasi als *„Alternatives elektrisches Kraftgesetz"* bezeichnet werden kann. Für beliebige Ladungsmengen bedarf es der Multiplikation mit der Interaktion in Form von $Q_1\ Q_2\ /\ e^2$. Die Entstehung der Kraftwirkung entspricht, wegen der Proportionalität - $r^2\ /\ R^2$ - der einer Zentrifugalkraft, was darauf schließen lässt, da diese Zentrifugalkraft immer auf der Verbindunglinie zum Zentrum liegt, dass diese eine Art innerer Widerstand der atomaren Dynamik ist. Etwas anschaulicher wird dieser Sachverhalt, wenn wir die umlaufende Bahngeschwindigkeit oder die dazugehörende Winkelgeschwindigkeit durch den Faktor 2 π oder π dividieren und so mathematisch eine geradlinige Schwingung durch das Zentrum beschreiben können.
Mit dieser Vorgehensweise wird das kreisende Elektron zum linearen, harmonischer Schwinger und die Wellenfunktion durch die Mathematik entsprechend kongruent abbildbar.

Bei einem Vergleich der beiden Ergebnisse, zur Bestimmung der Kraft, fällt auf, dass die Permittivität εo, die Permeabilität μo und die Ladung e sich wie folgt darstellen lassen, d. h., $\varepsilon o\ =\ e^2\ /\ 4\ \pi\ Eo\ re$ und wegen $1\ /\ c^2\ =\ \varepsilon o\ \mu o$ ist auch $\mu o\ =\ c^2\ 4\ \pi\ Eo\ re\ /\ e^2$ bzw. $e = (\ 4\ \pi\ Eo\ re\ \varepsilon o\ )^{1/2}$. Hier wurden im - CeG -, wissentlich oder unwissentlich, quasi unveränderliche atomare Größen zusammengefasst und zu neuen physikalischen Konstanten ernannt, aber damit auch gleichzeitig gegeseitige Abhängigkeiten geschaffen.

Für die Handhabung eigentlich ein sinnvolles Vorgehen, zumindest teilweise, für die Anschaulichkeit und das generelle Verstehen jedoch nicht unbeding förderlich. Oder sind $\varepsilon o = e^2 / 4 \pi Ee\ re$ *u.* a. solche Konstanten wirklich sinnhaftig zu interpretieren?

Entsprechend - actio est reactio - sind die extern einwirken-den Größen wie Energien, Kräfte, u. a. als Ursache und die im Elektroneninneren ablaufenden Prozesse als Wirkung zu verstehen.
In unserem Beispiel, mit den zwei Elektronen, lässt sich sehr anschaulich zeigen, dass die mittels des elektrischen Feldes eines einzelnen Elektrons transpotierte Energie einem Wellendruck von - $p = E^2\ \varepsilon o$ - respektive einer Wellenkraft von **$F = 2{,}31\ 10^{-28}$ N** entspricht.
Die dazugehörige Reaktionskraft F_T, die durch Bildung einer innere Asymmetrie des Elektrons entsteht, entspricht der Trägheitskraft im Sinne des Newton´schen Axioms der Kraft.

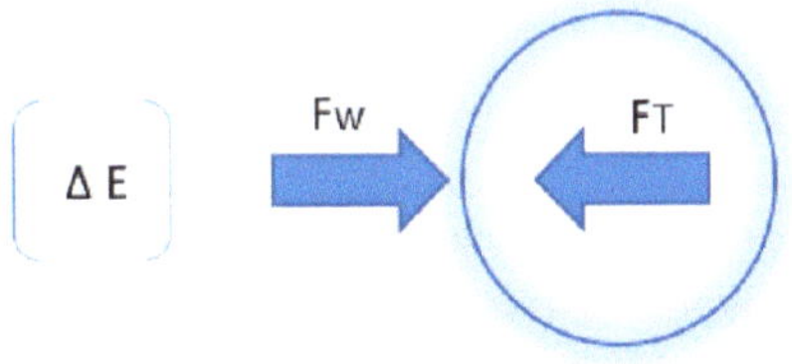

Bild 14

Daher kann die Kraftwirkung, gemäß dem Coulomb´schen Gesetz, zwischen den einzelnen Elementarladungen auch als Wellenkraft einer elektromagnetischen Welle an Orten gleicher Feldstärke angesehen werde.

Bei dem dabei stattfindenden Energietransfer treffen zwei gleichwertige Energiebeträge aufeinander, was quasi als „Energiestau" interpretiert werden kann.
Diese quasi Energiestau, ob er nun durch ein elektrisches Feld, Energiebeträge oder eine Wellennatur dargestellt wird, führt durch die Überlagerung der Wirkgrößen zu einer Veränderungen im Elektronenverhalten.

Es ist hinsichtlich des Endergebnisses belanglos, ob sich die Größen in der Mitte des Zentrumabstandes gegenseitig beeinflussen oder durchdringen, da lediglich der Differenzbetrag für die Elektronenreaktionen entscheidend ist.

Entsprechend unseren Betrachtungen bewirken gegenseitige Einwirkungen, jeglicher Art, auf die Elektronensysteme auch gegenseitige Reaktionen, indem die Elektronen z. B. ihre Verweilzeit, im Sinne einer Aufenthaltswahrscheinlichkeit, beim Umkreisen des Zentrums ändern.

Wird, wie in unserem Beispiel, das Elektron durch ein Feld beeinflusst, oder anschaulicher, behindert, so verringert es seine sonst konstante Dynamik einseitig, was im Bohr´schen Paradigma als Reduzierung der Bahngeschwindigkeit beziehungsweise der Winkelgeschwindigkeit angesehen werden kann.
Der Geschwindigkeitsvektor des Elektrons wirkt dem Feld dabei entgegen. Nach Richtungsumkehr, was jeweils an den Scheitelpunkten 0 und π erfolgt, dreht diese Wirkung und das vorher abgebremste Elektron wird wieder beschleunigt.

Dass Verzögerung und Beschleunigung gleichen Betrags sind, ist irgendwie selbstredend. In der Sprache der Dynamik oszilliert somit das Elektron in der Ebene der Einwirkung und in einem dreidimensionalen Paradigma dann eben räumlich.
Bei kernlosen Elektronensystemen erfolgt diese Oszillation kontinuierlicher, bei kernbehafteten Elektronen stark gequantelt.

Unser Elektronen-Paar in Zahlen:

Mit dem Wert εe = $4{,}80\ 10^{12}\ s^{-2}$ ergibt sich eine mittlere Winkelgeschwindigkeit $\omega e = 2{,}19\ 10^{6}\ s^{-1}$ und damit folgende Bahn- oder Verweilzeiten von $t\ (0 - ½\pi) = 0{,}809\ 10^{-6}\ s$ bzw. $t\ (½\pi - \pi) = 0{,}335\ 10^{-6}\ s$, was wiederum eine oszillierende Laufzeit von $t\ (0 - \pi)/(\pi - 2\pi) = 1{,}144\ 10^{-6}\ s$ bedeutet.

Atomare Bohr´sche Systeme

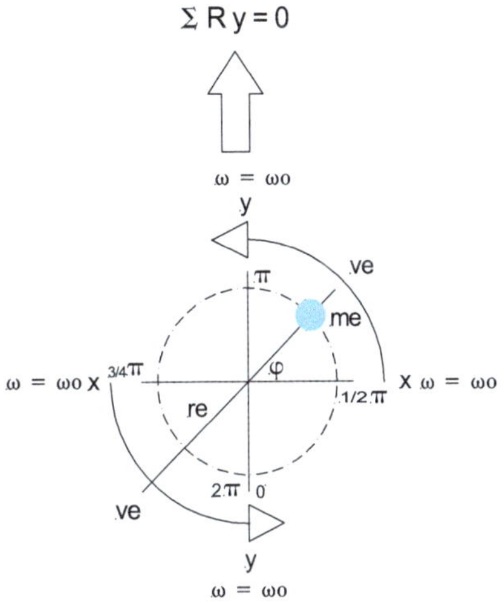

Symmetrisches Elektronensystem
Bild 15

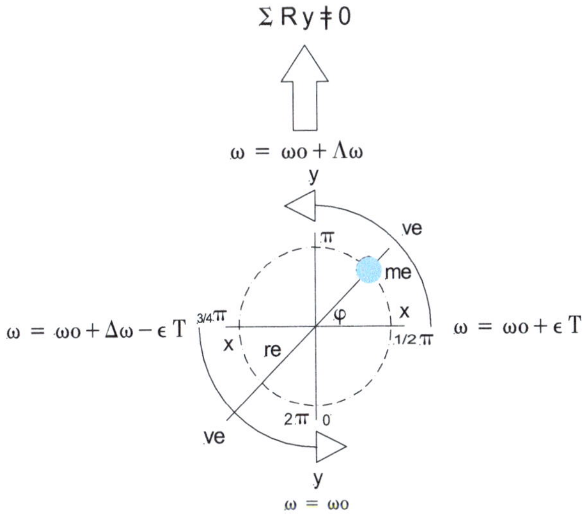

Asymmetrisches Elektronensystem
Bild 16

Das Newton´sche Gesetz der Gravitation

Klassische Physik beschreibt Masseanziehung in Form von Gravitationskräften zwischen zwei punktförmigen Massen, die wiederum dem Produkt der Massen direkt proportional und dem Quadrat ihres Schwerpunktabstandes reziprok proportional sind. Die Wirkrichtung dieser Kräfte wird durch einen Einheitsvektor vorgegeben. Deren Bestimmung ist nach Newton, unter Nutzung einer Konstanten, der Gravitationskonstanten, möglich.

$$(G = 6{,}67\ 10^{-11}\ \ N\ m^2 / kg^2)$$

Ferner können diesen Annahmen eine Gravitationsbeschleunigung und ein Gravitationsfeld zugeordnet werden.

Weiterführende Angaben sind innerhalb der klassischen Physik selten.
Eine anschauliche Erklärung bezüglich des Wesens solcher Masseanziehungserscheinungen bzw. derer möglichen physikalischen Ursachen fehlt gänzlich. So wird der Leser zum Beispiel mit der Auslegung des Masseproduktes $M_1 \times M_2$ im Ungewissen gelassen und die Gravitationskonstante wird rein mathematisch behandelt.

Nachfolgend wird daher die Deutung solcher Gravitationserscheinungen unter Nutzung des bisher vorgestellten Bohr´schen Atommodells - Wasserstoff H 1/1 - und den erarbeiteten Gesetzmäßigkeiten aus der klassischen Physik erfolgen.

Da in einem Bohr´schen Elektron, mit oder ohne Nucleus, durch asymmetrische Einwirkungen, zum Beispiel durch ein einseitiges elektromagnetisches Feld, das Elektron permanent seine Geschwindigkeit ändert und damit oszilliert, begleiten solche Verschiebungen Reaktionen, die wir als Prozessasymmetrien bezeichnen wollen.

Wird daher einem Grundzustand eine externe Einwirkung einseitig überlagert, führt diese zu einer asymmetrischen Reduzierung der vorhandenen Winkelgeschwindigkeit im Bereich einer halben Periode und folgerichtig, in der anschließenden halben Periode, zu einer Erhöhung des reduzierten Betrags, entsprechend Bild 16, Seite 59.

Wirken allerdings Energiebeträge, wie Wärme, Geschwindigkeiten oder auch Kräfte, allseitig auf solch ein System ein, so entsteht eine symmetrische Erhöhung des Ausgangszustandes, d. h., entsprechend dem verwendeten Paradigma - *Bohr´schen Elektron* - erhöht sich die Umlaufgeschwindigkeit oder die Umlaufbahn des Elektrons durchgängig.

Die Folge einer solch asymmetrischen Oszillation des Elektrons ist, unter Berücksichtigung der Laufzeit und der Wirkrichtung, ein Impulsüberschuss, der exakt der Ursache dieser Veränderung entspricht und damit dem Gesetz von actio est reactio, wie auf Seite 57 gezeigt, erfüllt.

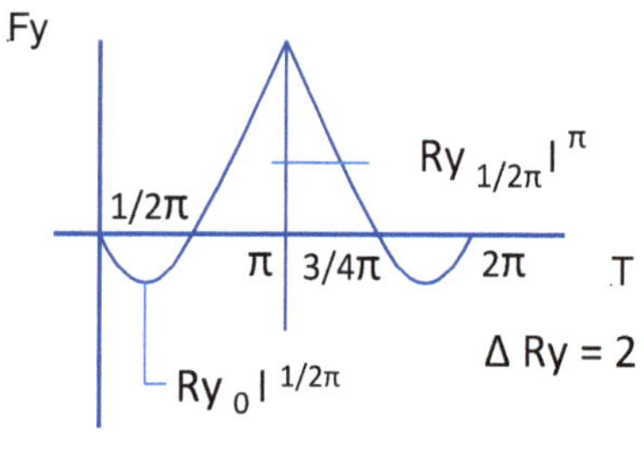

$$\Delta Ry = 2\,(Ry_{1/2\pi} | ^{\pi} - Ry_0 | ^{1/2\pi})$$

Impulsverlauf Ry
Bild 17

Weder das Gesetz zur Berechnung elektromagnetischer Kräfte noch das Gravitationsgesetz nach Newton berücksichtigen ausreichend, dass Kräfte nur dann wirken können, wenn entsprechende Reaktionskräfte auftreten, d. h., dass eben auf eine Ursache eine Wirkung eintritt. Eine Kraft, die ins „Leere“ wirkt, hat keine Wirkung.

Diese Zusammenhänge mathematisch und folgerichtig darzustellen, führte zum *„Alternativen elektrischen Kraftgesetz“* und zur Beschreibung von Permittivität, Permeabilität und der Elementarladung als mathematisches Konstrukt auf Basis der genannten Elektronenenergie.
Die Anwesenheit eines Kerns in solch einem Bohr´schen Elektronensystems verändert die beschriebene, gegenseitige Energiebeeinflussung jedoch essentiell. Durch die Kernumrundung der elektrischen Ladung wird deren „Energiefluss“ auf das Partnerelektron merklich, temporär unterbrochen, heißt getaktet und die Energiebeträge werden analog zur Kreisfrequenz gequantelt.

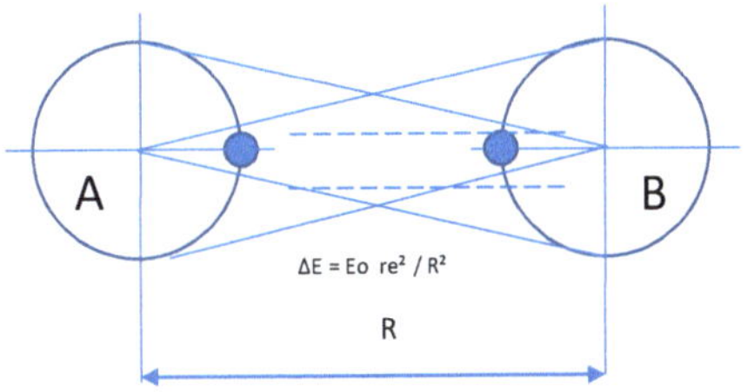

Bohrsches Elektron
Bild 18

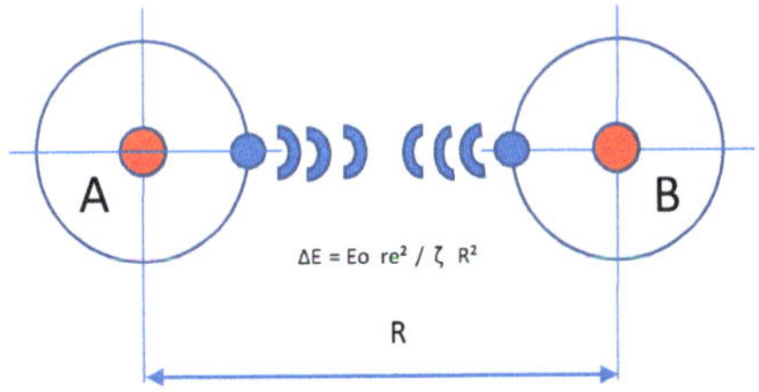

Bohrsches Atom H 1/1
Bild 19

Da bisher die Wirkungsweise und so auch die Funktion eines Elektrons nicht hinreichend beschrieben werden konnte, bleibt das Elektron bis auf Weiteres eine physikalische Unbekannte. Vielleicht kann man sich vorstellen, dass der Energietransfer im Wirkschatten des Protons unterbrochen wird, was aber eben auch einem Nulldurchgang durch das Zentrum entsprechen kann.

Was wir von ihm wissen, sind seine Reaktionen auf Einwirkungen, wie zum Beispiel elektromagnetische Felder, auf Beschleunigungen oder auch ihr Verhältnis zueinander. Der gequantelte Energiebetrag, das Paket, das wir Photon nennen, wurde von Max Planck, mittels des nach ihm benannten Planck´schen Wirkungsquantum, überzeugend mathematisch beschrieben. Das Wirkungsquantum hat das Symbol h und die Einheit Js. Somit gilt:

$$h = 6.63 \ 10^{-34} \text{ Js}$$

Da wir nun wissen, dass die atomaren Energiewechsel des Elektrons, d. h. dessen Kommunikation mit seiner Umgebung, gequantelt erfolgen, ist es wohl zwingend, dass ebenso dessen atomare Reaktion auf solche Energien gequantelt stattfinden muss. Wie man sich ein solches Miteinander vorstellen kann, bleibt ebenfalls offen. Mathematisch kann man es als Interaktion, d. h. durch ein Produkt der Einzelereignisse, als eine Wahrscheinlichkeitsbetrachtung, eine Phasenverschiebung von Schwingungen oder anderswie darstellen. Bei den bisherigen Betrachtungen des Elektrons haben wir uns für die innere „Verzerrung" von physikalischen Abläufen entschieden, die auf der Trägheitserscheinung basiert und somit durch Beschleunigungsgrößen berechenbar ist. Diese ist durch die Winkelbeschleunigung ε darstellbar, da $\varepsilon = \omega^2$ ist. Bei den atomaren Vorgängen ist die geschilderte, doppelseitige Quantelung der Energieübertragung und der Energieverarbeitung, zum Beispiel durch das Interaktionsprodukt oder durch Proportionalitätsfaktoren, zu berücksichtigen. Interaktion deshalb, da es bei der finalen Darstellung der Ergebnisse mit beliebigen Ladungsmengen und Massen eine zentrale Rolle spielen wird.

Die folgenden Betrachtungen zur Gravitation basieren auf den Annahmen der Coulomb´schen Ergebnissen und des -*Alternativen elektrischen Kraftgesetzes*-. Damit geht die Überzeugung einher, dass die Kommunikation der Materie, man könnte auch sagen deren Verschränkung, auf einer einheitlichen Basis erfolgt. Es ist absolut nicht relevant anzunehmen, dass die zweifelsfrei bestehenden und notwendigen Signale zur stofflichen Verständigung ergebnisabhängig sein sollen. Dort wo Energiebeträge beteiligt sind, kann immer, wegen $E = m c^2$, dieser Energie eine Masse,

also ein Partikel zugeordnet werden. Egal ob es dieses Teil gibt oder nicht. Die Rechnung stimmt immer. Was mit dem einhergeht ist, der bereits jetzt schon vielfältige Teilchenzoo wird immer größer und die Überschaubarkeit nimmt drastisch ab.
Wenn die bisherigen Annahmen stimmig sind, dann muss, unter Berücksichtigung der Quantelung der atomaren Signale, der Laufzeiten und der Anwesenheit eines Protons im Kern, aus dem - *Alternativen elektromagnetischen Kraftgesetz* -, oder kurz - AeG - genannt, beziehungsweise

$$- \; Fe = Eo \; re \,/\, \varepsilon r \;\; R^2 \; -$$

von Seite 56, die Gravitationswirkung ableitbar sein.

Im Einzelnen dazu:

Wie bereits besprochen, erfolgt die Energieabgabe eines Atoms gequantelt. Diese Quantelung, also die Anzahl der Perioden, der Bahnumrundungen, der Takte oder wie man es nennen will, entspricht dem reziproken Quotienten der Umlaufzeit pro Sekunde, also 1 / T. Da in unserem Kreissystem, dem Bohr´schen Paradigma, $T = \pi / \omega$ entspricht, ist die vorherrschende Taktzahl somit ω / π oder $\zeta = \omega / \pi$ Für unser Wasserstoffatom gilt daher der Wert $\zeta = 1{,}32 \; 10^{16} \; s^{-1}$, also wie oft das Elektron in einer Sekunde den halben Kern umrundet. Dividiert man die Elektronenenergie durch diese Zahl und bezieht man die Frequenz mit ein, so erhält man den Wert $h = 6{,}63 \;\; 10^{-34}$ Js, d. h. das Planck´sche Wirkungsquantum. Aus diesem Zusammenhang ist erkennbar, dass die atomare Signalübertragung mittels der kleinstmöglichen bisher beobachteten Energiemenge erfolgt.

Mit diesen Gegebenheiten kann nun eine Relation zwischen den Paradigmen - Bohr´schem Atom und Bohr´schem Elektron - auf Basis der Winkelgeschwindigkeiten bzw. Winkelbeschleunigungen, hergestellt werden.

Berücksichtigt man dann noch die unterschiedlichen Laufzeiten respektive Wege, so erhält man mit $\varphi = \varepsilon\, t^2 / 2$ folgende Systemrelation

$$\eta = \left(\frac{\omega o^2}{2\pi\ \varepsilon e}\right)^2 \frac{me}{mp} \sqrt{1/2}$$

Mit dem Wert $\varepsilon e = 4{,}80\ 10^{12}\ s^{-2}$, der Winkelbeschleunigung des kernlosen Elektron, siehe dazu auch ISBN 978-3-85022-311-9 - Seite 44, und der operativen Elektronenlaufzeit $\Delta\omega = \varepsilon e\ Te$ ergibt dies den Zahlenwert

$$\eta = 1{,}24\ 10^{36}$$

Die Beschreibung zwischen den dynamischen Systemen Elektron und Atom beinhaltet somit das Verhältnis der wirksamen Winkelgeschwindigkeiten, die Taktfolge, die Wirkzeiten und das Masseverhältnis der beteiligten Ruhemassen. Der Wurzelausdruck (1/2) ½ berücksichtigt die unterschiedlichen Laufzeiten von $\varphi = 0 - \pi/2$ bzw. von $\varphi = \pi/2 - \pi$. Das Ergebnis ist ein einheitenloser Kraftquotient, der das Verhältnis der Coulomb´schen elektrischen Kraft und der Newton´schen Gravitationswirkung exakt beschreibt. Dessen reziproker Wert ist demnach zwingend $\eta^* = 0{,}81\ 10^{-36}$.

Die gewählte mathematische Darlegung kann, entsprechend den vorhandenen Abhängigkeiten, auch durch andere Kennwerte erfolgen. Es können dazu z. B. die Größen Ladung und Permittivität genutzt werden.

Weitere Einflussfaktoren können mit den Bohr´schen Paradigmen nicht hergeleitet werden. Somit erhalten wir als mögliches Ergebnis für eine Gravitationswirkung zwischen zwei Wasserstoffatomen und für Massen generell, folgende mathematische Beschreibung - $F = AeG / \eta$ -
Dies entspricht aber auch $F = Fe / \eta$ mit Fe als Coulombkraft. In der detaillierten Schreibweise gilt dann

$$F_H = Eo\, re / \varepsilon r\, R^2 \times 1 / \eta$$

Diese Beziehung beinhaltet die elektromagnetische Kraft und den Einfluss der atomaren Taktung, was quasi einer erzwungenen Laufzeit für den Prozess bzw. für die Prozessverschiebung gleichkommt. Diese Formel ist daher die Fortschreibung der elektromagnetischen Wirkung vom Elektron zum Atom im Sinne einer Harmonisierung zwischen *Gravitation* und *Elektrodynamik*.

Für die zwei sich gegenüberstehenden Wasserstoffatome, im Abstand R = 1 m, errechnet sich die Newton´sche Gravitation danach zu

$$F_H = 1{,}86 \quad 10^{-64} \text{ N}$$

und nach dem Alternativem Gravitationsgesetz ergibt sich ebenfalls

$$F_H = 1{,}86(7)\, 10^{-64} \text{ N}$$

was bei dem vorliegendem Zahlenmaterial als gleichwertig eingestuft werden kann.

Für beliebige Massen, im Sinne von Punktmassen, soll heißen, dass der Massedurchmesser klein zur Entfernung erscheint, erhält man unter Berücksichtigung der Interaktion der Masseverhältnisse - $M_1\, M_2 / mp^2$ -, die allgemein gültige Form des - *Alternativen Gravitationsgesetzes* -

$$F_N = \frac{M_1\, M_2}{mp^2} \, \frac{Eo\, re}{\varepsilon_r\, R^2} \left(\frac{2\pi\, \varepsilon e}{\omega o^2}\right)^2 \frac{mp}{me} \sqrt{2}$$

was eine eindeutige, eine elektromagnetische Herkunft erkennen lässt.

Diskussion:

Der Quotient $M_1\, M_2 / mp^2$ ist eine dimensionslose Zahl und reflektiert die Interaktion der Elektronen in den beteiligten Massen.

$Eo\ re\ /\ \varepsilon r\ R^2$ entspricht dem alternativen, elektromagnetischen Gesetz zur Berechnung der Coulombkraft und repräsentiert die elektromagnetische Dynamik der Materie.

Der dimensionsfreie Wert $\left(\frac{\omega o^2}{2\pi\ \varepsilon e}\right)^2 \frac{me}{mp} \sqrt{1/2}$,

als Verhältnis der jeweiligen Systembeschleunigungen, berücksichtigt auch die Quantelung der atomaren Energiebeeinflussung. Alternativ kann die Berechnung der Gravitationskraft durch die Verschiebung der inneren Trägheit $\theta = me\ re^2$, also durch $F = m\ d\omega\ /\ dt$ erfolgen. Entsprechend Seite 43 bestimmt sich der erforderliche Energiebetrag zu $E = \theta\ \varepsilon$ und so erhält man für die Winkelbeschleunigung $\varepsilon = \Delta E\ /\ \theta$, mit dem aktiven Energieanteil $\Delta E = Eo\ re^2\ /\ R^2$. Als Zahlenwert errechnet sich für die repräsentative Winkelbeschleunigung der bereits bekannte Wert $\varepsilon e = 4{,}80\ 10^{12}\ s^{-2}$, was bedeutet, dass die Coulombkraft, unter Berücksichtigung von me bzw. re, mit $Fe = 2{,}31\ 10^{-28}$ N und die gravitative Trägheit mit

$$F_{NH} = Fe\ /\eta = 1{,}86\ 10^{-64}\ N$$

bestimmbar wird, was im Ergebnis ebenfalls mit dem Newton´schen Kraftgesetz übereinstimmt. *Da die Gravitationskonstante G bei all diesen Überlegungen keine Rolle spielt, liegt es nahe, dass auch diese fundamentale Größe eine Zusammenfassung physikalischer Gegebenheiten beinhaltet und daher wiederum ein mathematisches Konstrukt ist.* Stellt man das Newton´sche und das Alternative Gravitationsgesetz gegenüber, so erhält man für die Gravitationskonstante G den Ausdruck

$$G = Eo\ re/\ mp^2\ x\ (\Delta\omega^2\ /\ \omega o^2)^2\ (mp\ /\ me)\ (2)^{1/2}$$

oder in gepackter Form

$$\mathbf{G = \frac{Eo\ re}{mp^2} \left(\frac{2\pi\ \varepsilon e}{\omega o^2}\right)^2 \frac{mp}{me} \sqrt{2}}$$

mit dem Zahlenwert

$$G = 6{,}67\ 10^{-11}\ \ N\ m^2 / kg^2$$

Zusammenfassend gilt daher, die Gravitationskonstante G basiert auf atomaren Werten und lässt sich somit aus den konstanten Größen des beschriebenen Wasserstoffatoms und seiner Bausteine bestimmen.

Jetzt noch einige Ergänzungen:

Zum Kraftverhältnis F_C/F_N

In der Literatur wird immer wieder auf das Verhältnis von Coulombkraft und Newton´scher Kraft hingewiesen, mit dem Vermerk, man habe für diesen Zahlenwert keine Erklärung parat. Entsprechend den vorliegenden Ergebnissen aus der klassischen Physik hat der Quotient den Wert

$$F_C / F_N = 1{,}24\ 10^{36}$$

Die erarbeiteten - *Alternativen Kraftgesetze* - ergeben für dieses Kraftverhältnis eine Interpretation mit

$$\mathbf{F_C / F_N = \eta = \left(\frac{\omega o^2}{2\,\pi\,\varepsilon e}\right)^2 \frac{me}{mp} \sqrt{1/2}}$$

was ebenfalls zu $F_C / F_N = 1{,}24\ 10^{36}$ führt. Damit ist auch dieser Werte in Übereinstimmung mit unserem heutigen Kenntnisstand, was letztlich einem Prozessvergleich zwischen Elektron und Atom entspricht.

Dies bedeutet aber letztlich, dass im atomaren Bereich, ohne einen wirklichen Zeitbegriff, damit eben pro Taktung, ein Impuls generiert wird, der dann wiederrum eine Sekunde als Bezugsgröße hat. Das erlaubt dort, wo keine unterschiedlichen Zeitbegriffe vorhanden sind, das einfache, vergleichende Rechnen mit Kräften, obwohl eigentlich immer Impulse damit gemeint sind.

Zur Winkelbeschleunigung εe

Die Berechnung der Einwirkung eines elektrischen Feldes auf die Dynamik eines Bohr´schen Elektrons, im Sinne einer Winkelbeschleunigung, erfolgte bisher direkt durch das Coulomb´sche Gesetz mit εe = Fc / me re, was den bereits bekannten Wert $εe = 4{,}80\ 10^{12}\ sec^{-2}$ ergibt. Ein gleichwertiges Ergebnis ergibt die Beziehung $εe = ω^2$.

Unter Berücksichtigung der Laufzeit des Massepartikels des Bohr´schen Elektrons t = (2π / ε) ½, was einem Wert von $t = 1{,}14\ 10^{-6}$ s entspricht, erhält man eine repräsentative Winkelgeschwindigkeit von $ω = 2{,}19\ 10^{6}\ s^{-1}$ und damit für $εe = 4{,}80\ 10^{12}\ sec^{-2}$.

Diese Mathematik ist, wegen die gegenseitigen Abhängigkeit der Variablen, unübersichtlich bis sehr unübersichtlich.

Paradigma hin, Paradigma her, letztlich ist die Systembeschleunigung des Bohr´schen Elektrons, die durch die elektrische Coulombkraft verursacht wird, entscheidend, d. h., die Einwirkung des elektrischen Feldes, verursacht durch das Partnerelektron, führt zu den beobachtbaren Reaktionen.

Durch die Gleichung - εe = Fc / me re - wird der Ursprung respektive die ursächliche Wirkung bei der Berechnung der Gravitation noch deutlicher, da gilt, F_N = Fc / η, was ebenfalls $F_N = 1{,}86\ 10^{-64}$ N ergibt und wiederum zur allgemeinen Aussage F_N = f (Fc) führt.

Zur Kraftrichtung

Ein wesentlicher Unterschied in der Kräftegenerierung von elektrischen Feldkräften und Gravitationswirkungen ist neben des Betrags dieser Kräfte deren Wirkrichtung.

Während beim Bohr´schen Elektron die Kraftwirkungen die Elektronen auseinandertreiben, geht bei den Gravitationserscheinungen eine Kraftumkehr einher. Da die Einwirkungen auf das dynamische Elektronensystem durch die Bahngeometrie eine vektorielle Wirkumkehr beinhalten, d. h., Impulse parallel zur y - y - Koordinate generiert werden, kann angenommen werden, dass durch die Anwesenheit eines Nucleus die Generierung einer Änderung der Elektronenwinkelgeschwindigkeit im Wirkschatten des Protons entfällt, also nur im Winkelbereich von 0 bis $\pi/2$ bzw. von $3/4\,\pi$ bis $2\,\pi$ erfolgt.
Sicherlich eine unbewiesene Annahme, aber, da wir die Funktionsweise eines Elektrons noch nicht hinreichend verstehen, zumindest eine Vorstellungsmöglichkeit, die die Kraftumkehr veranschaulicht. An dieser Stelle sei auch erwähnt, dass der Term

$$\left(\frac{\omega o^2}{\Delta\,\omega^2}\right)^2 \frac{me}{mp} \sqrt{1/2}$$

oder auch

$$\left(\frac{\omega o^2}{2\pi\,\varepsilon e}\right)^2 \frac{me}{mp} \sqrt{1/2}$$

trägheitsrelevant ist und daher eine Äquivalenz zur Trägheit allgemein sich ergibt.

$$F = m\,\omega^2\,re$$

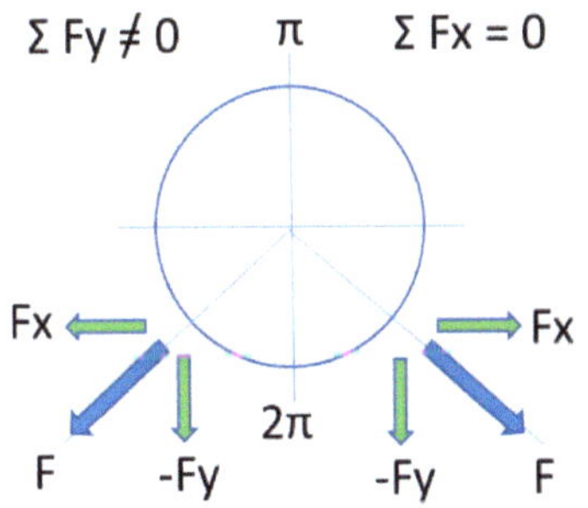

Bild 20

Verzögerung / Beschleunigung

Lichtgeschwindigkeit

Bekannterweise wird die Ausbreitungsgeschwindigkeit des Lichtes, also einer elektromagnetischen Welle, unabhängig vom Bewegungszustands der Lichtquelle, als konstante Größe beobachtet. Deren Zahlenwert beträgt c = 2.997.924.58 10^{8} m / s. Bei der Ausbreitung in Medien wird noch zwischen Phasen- und Gruppengeschwindigkeit unterschieden. Die von Maxwell postulierte Unabhängigkeit der Lichtgeschwindigkeit von einer bewegten Quelle gilt im Umkehrschluss naturgemäß auch für einen bewegten Empfänger.

Gemäß der Relativitätstheorie ist die Lichtgeschwindigkeit eine unüberwindbare Barriere für bewegte Massen und bei der Übermittlung jeglicher Energiebeträge, also auch für Informationen beliebiger Art.

Breitet sich Licht in einem Medium aus, so wird die Ausbreitungsgeschwindigkeit daher immer unter der Lichtgeschwindigkeit des Vakuums liegen.

Der Übermittler dieser elektromagnetischen Lichtenergie, das Photon, bewegt sich definitionsgemäß im Vakuum mit Lichtgeschwindigkeit und hat, damit die Mathematik stimmig bleibt, den Massewert in Ruhe von Null. Eine auffällige Aussage, denn damit hat es entsprechen $E = m c^2$ einen Energiewert in Ruhe von ebenfalls Null und verschwindet so als Photon von der Bildfläche.

Die Geschichte zur Lichtgeschwindigkeit ist lange und reicht von Empedokles (450 v Cr.) über Rϕmer (1676) hin bis zum Michelson (1839), um einen endgültigen Wert zu festzulegen. Erst im Jahre 1983 erfolgte dann die heutige Formulierung der Lichtgeschwindigkeit mit der Neudefinition des Meters. Der augenblickliche Status dieser physikalischen Größe ist unerschütterlich. Ihr wird eine universelle Gültigkeit, quasi ein Absolutismus nachgesagt, sogar für Orte und Ereignisse, die wir noch gar nicht kennen.

Bei solchen Aussagen schwingt offensichtlich der Glaube mit, zumindest aber eine unerschütterliche mathematischer Überzeugung, dass alles so seine Richtigkeit hat. Niemand weiß endgültig, was in den Weiten des Seins möglich ist, aber mit den vorliegenden Erkenntnissen können wir so wenigstens Rückschlüsse auf physikalische Reaktionen und Gegebenheiten ziehen.

Die bisherigen Betrachtungen zur atomaren Dynamik, eigentlich dem Elektronenverhalten, was aber auch dem elektrischen Strom entspricht, berechtigen zur Annahme, dass bei relativen Bewegungen in einem Bezugssystem Atome und damit Materien eine Verzögerung ihrer inneren Dynamik erfahren. Eine solche innere Beeinflussung, Verschiebung, oder wie man es je nach verwendetem Paradigma auch bezeichnen will, führt zu reduzierten Prozessergebnissen, wie zum Beispiel bei Emissionen, zu denen ja auch das Lichtquant, das Photon, gehört.

Entsprechend den Ausführungen der Seiten 42 bis 47 - *Geschwindigkeitsquadrate in der Physik* - kann diese Veränderung im Atominneren durch den Term $\beta = (1 - v^2/c^2)^{½}$ berücksichtigt werden, so dass gilt

$$c^* = c\ (1 - v^2/c^2)^{½}$$

Hierbei ist c*, die resultierende, emittierte Photonengeschwindigkeit bei Relativbewegung. Da wir das Wesen eines Elektrons bis heute nicht ausreichend kennen, heißt letztlich, wir haben kein brauchbares Paradigma zu seiner Funktionsweise, sind keine weiteren Aussagen möglich.

Die bekannte Superposition von Geschwindigkeiten, die wir im Alltag erfahren, führt dann zu der zu beobachtbaren Endgeschwindigkeit des Lichtes, des Photons, von

$$c^2 = c^{*2} + v^2$$

Für diese Überlegungen gilt daher in der geschilderten Zusammenfassung:

Die ein bewegtes Massesystem begleitenden Prozessverschiebungen beeinflussen den Energieaustausch beteiligter Atome/Elektronen. Folgerichtig setzen emittierende Energien, zum Beispiel Lichtquanten, auf diesem Zustand auf.

Da die Prozessverschiebung direkt proportional der relativen Systemgeschwindigkeit ist, entspricht die interne Reduzierung immer, wegen der Proportionalität von Energie und Beschleunigung, der externen Einwirkung.

Messungen lassen daher, unabhängig des Bewegungszustandes der Lichtquelle oder des Empfängers, die Lichtgeschwindigkeit im Vakuum als konstanten Wert erscheinen.

Es sei noch darauf hingewiesen, dass diese asymmetrischen Verschiebungen im Inneren von Atomen auch zur Rot- und Blauverschiebung des Lichtes, relativ zur ruhenden Wellenemission führen.

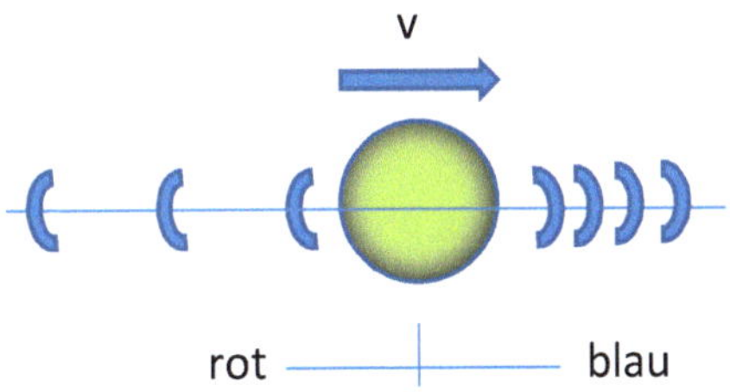

Bild 21

Neben der beobachtbaren Wellenlängenverschiebung durch eine Relativgeschwindigkeit, treten in einem Gravitationsfeld analoge Erscheinungen auf.

Axiome und deren Nutzung

Bekannterweise sind Axiome Grundsätze, die sich erfahrungsgemäß als richtig herausgestellt haben und daher erwartungsgemäß keiner Beweise bedürfen oder ermöglichen. Diese müssen prinzipiell auch nicht mehr bewiesen werden, da sie selbstredend als wahr angenommen werden.

Das axiomatische System, also das System grundlegender Aussagen, wird daher als beweislos angenommen und jeglicher Zirkelschluss ausgeschlossen. Axiome müssen untereinander konsistent und die damit einhergehenden Theoreme logisch ableitbar, d. h., deduktiv sein.
Der damit einhergehende Kalkül, soll heißen, die damit verbundenen Regeln, haben wir in unseren Ausführungen teilweise bereits kennen gelernt.

Schwerpunktmäßig war dies das zweite Newton´sche Axiom der Kraft im Kapitel - *Geschwindigkeitsquadrate in der Physik* - aber auch Aussagen wie - actio est reactio - oder das Gesetz der Gravitation gehören dazu.

Im Gesamten stützen sich unsere bisherigen Ausführungen auf vier Newton´sche Axiome, die da sind:

1. Newton´sche Axiom (lex prima)

> *Jeder Körper beharrt in seinem Zustand der Ruhe oder der Bewegung, wenn er nicht durch eine äußere Kraft gezwungen wird, diesen Zustand zu ändern.*

2. Newton´sche Axiom (lex sencunda)

> *Die Zustandsänderung ist proportional der einwirkenden Kraft und geschieht immer auf der Wirkungslinie dieser Kraft.*

3. Newton´sche Axiom (lex tercia)

Kräfte treten immer paarweise auf, d. h., als - actio est reactio -, als innere und äußere Kräfte.

4. Newton´sche Axiom (lex quarta)

Für Kräfte, allgemein für Vektoren, gilt das Superpositionsprinzip.

Gerade die internen Abläufe in der Relativitätstheorie und der Quantenelektrodynamik haben uns gezeigt, dass viele physikalische Größen geschwindigkeitsabhängig sind und daher bei der Vermessung des Kleinsten andere Gesetzmäßigkeiten als im Makrokosmos zu gelten scheinen.
Kenneth W. Ford schreibt in seinem Buch - *Wie klein ist Klein*- so treffend - *Klopfen Sie auf Holz. Anscheinend ist es fest. Aber sobald Sie tiefer vordringen, stoßen Sie auf eine andere Welt* -

Ergänzend ist noch anzumerken, dass es neben physikalisch ausgerichteten Axiomen vielfältige Arten solcher allgemeinen Grundsätze gibt, so zum Beispiel:

+ Axiome der Kommunikation
+ Axiome der Starrkörper-Statik
+ Axiome der natürlichen Zahlen,
  sogenannte Peano-Axiome. Fünf an der Zahl.

Auf den ersten Blick könnte man meinen, dass zwischen der euklidischen Welt und den modernen Naturwissenschaften kein Platz mehr für einen euklidischen Raum gegeben sei. Die Gesetzmäßigkeiten zur Beschreibung eines geschlossen Systems, also eines Kreissystems und dem zweiten Newton´schen Axiom zeigen jedoch, dass bereits durch einfachste Anpassungen, d. h. durch die Erweiterung mit dv/dv = 1, Schnittmengen oder Gemeinsamkeiten entstehen können, und gerade die so wichtige physikalische Größe wie der Energiebetrag ist daher ein paradigmenübergreifender Wert.

Da die Moderne die euklidischen Ergebnisse als Grenzfall ansieht, also deren Gültigkeit auf kleine Geschwindigkeitsbeträge in Relation zur Lichtgeschwindigkeit begrenzt, ist auch ein Umkehrschluss vom Langsamen zum Schnellen wohl möglich und mehr als logisch.

Mit der Systematik der Kreisbewegung eines Partikels in der das Betragsquadrat der Winkelgeschwindigkeit einer Winkelbeschleunigung entspricht, also Epsilon gleich Omega-Betragsquadrat ist, sowie deren gegenseitige Abhängigkeiten, kommt man bereits zu Ergebnissen, die Gemeinsamkeiten mit der RT aufweisen. Der wichtige und allgemein bekannte Term $\beta = (1 - v^2 /c^2) ½$ ist ein deutlicher Hinweis dafür.

Auch Mathematik in der Form $x = a \sin (\omega\ dt) + b \sin (\omega\ dt)$ führt zwangsläufig zu Betragsquadraten, die sich dann, zum Beispiel, auch in vielfältigen Geschwindigkeitsquadraten wiederfinden. Solche Geschwindigkeitsquadrate entsprechen aber in der Welt des Kleinen, d. h., in sich geschlossenen Systemen einer Systembeschleunigung und damit einer Asymmetrie in deren Abläufen bzw. in deren mathematischer Beschreibung, auf der Wirkungslinie der jeweiligen Einwirkung.

Der Focus auf diese Grundgröße - *Winkelbeschleunigung* - führt zu Anschauungen wie „temporäre Verzerrung“ im atomaren Aufbau, was wir zusammenfassend als atomare Prozessverschiebung bezeichnen, aber auch zu einer neuen, alternativen Betrachtung von elektromagnetischer Feldkraft und Gravitation, auf Basis eines reiner Energietransfer.

Die genannten Newton´schen Axiome können so, auch heute noch, als grundlegend, als Fundament der heutigen

Physik, unser augenblicklichen Vorstellungswelt, angesehen werden.
Da dem so ist, kann aus den Energiedefinitionen $E = m c^2$ bzw. $E = ½ m v^2$ leicht abgeleitet werden, dass sich mit den Gegebenheiten $c = \omega c\ r$ und $v = \omega v\ r$ jeweils Betragsquadrate ergeben, die zur Beschreibung materieller Abläufe geeignet sind. Diese Werte sind wirkungsrelevante Winkelbeschleunigungen, was aber eben Prozessverschiebungen bedeuten können. Energiebeträge sind demnach, direkt oder indirekt, auch proportional diesen Winkelgeschwindigkeitsquadraten, da diese eben Beschleunigungswerte sind.

Letztlich sind wir damit wieder, wenn auch auf Umwegen, beim Newton´schen Axiom der Kraft angelangt, mit beispielweise $F = m\ dv / dt$ - $F = m\ \omega^2\ r$ bzw. $F = m\ \varepsilon\ r$ oder $F = m\ v^2 / r$.

Somit schließt sich der Betrachtungskreis zwischen den einzelnen Paradigmen, mit der einheitlichen Beschreibung der dort wirkenden Winkelbeschleunigungen, also den Winkel- oder Geschwindigkeitsquadraten, im Sinne von Prozessverschiebungen.

Masseträgheit

In der Literatur wird die Trägheitserscheinung, d. h. die Trägheitsreaktion auf Lageänderungen eines Körpers, als eine zusätzliche Kraft angenommen, um damit die Dynamik der Masse deuten zu können. Da sie in einem Inertialsystem nicht auftritt, wird sie auch als Scheinkraft bezeichnet. Diesen Trägheitswiderstand entwickelt ein Körper von innen heraus und er ist immer linear, proportional zum Massebegriff. Innere und äußere Kräfte sind daher im Zustand der Lageveränderung in einem dynamischen Kräftegleichgewicht. Trägheitskräfte sollen, nach augenblicklicher Meinung, nicht dem Prinzip von - *actio est reactio* - genügen, was aber noch zu hinterfragen ist. Gleichzeitig soll keine Wechselwirkung mit anderen Körpern sattfinden, was ihnen eben die Definition einer Scheinwirkung bzw. einer Scheinkraft einbrachte.

Unter Einbeziehung des d´Alembert´schen Trägheitsprinzips ist die Kräftebilanz eines Körpers, in Summe, immer Null. In einem Inertialsystem sind kräftefreie Körper in Ruhe oder in einer gleichförmigen Bewegung, d. h., das d`Alembert´sche Prinzip gilt dort eigentlich nicht bzw. wird in einem solchen System nicht benötigt, was aber auch bedeutet, dass in einem solchen System keine Zentrifugalkräfte auftreten. Ist ein Bezugssystem relativ zu einem Inertialsystem in Bewegung, tritt eine Änderung ein und es müssen Trägheitskräfte, zum Beispiel auch Zentrifugalkräfte, wirken.

Die Fortschreibung der Newton´schen Physik basiert auf der Lorentz-Transformation und beschreibt mit der speziellen RT die Raum-Zeitverschiebung bei gleichförmig bewegten Beobachtern. Die allgemeine RT bezieht sich auf beliebige Koordinatensysteme und nutzt Geodaten und Raumzeit zur Deutung der physikalischen Gegebenheiten.

Ein allgemein gültiges Bezugsystem für uns bekannte Systeme zu finden, gelang bisher nicht.

Betrachten wir zu den getroffenen Aussagen unser Paradigma, das Bohr´sche Wasserstoffatom etwas genauer. Um den Kern, also um ein Zentrum kreist ein Elektron, was gleichbedeutend ist mit einer elektromagnetischen Größe, nämlich einem elektrischen Strom und einem ihn begleitenden Magnetfeld. Allgemein handelt es sich hierbei um ein dynamisches System, dass das Zentrum, den Nucleus umgibt. Man kann eine solche Dynamik hinsichtlich ihres Reaktionsvermögens aber auch als einen gleichförmigen Schwinger auffassen, wenn wir die Bewegungsgrößen durch π oder 2 π dividieren. Dann ergibt sich eine Bewegung des Elektrons durch das Zentrum, was wiederum einer Kreisbewegung ohne Umwege entspricht. Solche möglichen Schritte mögen verwundern, aber so ist Mathematik und das führt dann auch zu Derivaten des Planck´schen Wirkungsquantums wie h / 2 π, was einem Drehimpuls entspricht.

Unabhängig des Vorgehens, also mit oder ohne ein oder zwei Pi, ergeben sich immer gleichwertige Ergebnisse bei der endgültigen Bewertung der Dinge.

Solange keine externen Einflüsse einwirken und dies können neben Kräften auch Energien, Lageänderungen, Strahlungen, Impulse u. a. sein, ist das Atom in einem inneren Gleichgewichtszustand, was gleichbedeutend ist, dass das System Atom den Gleichgewichtsbedingungen genügt, jedoch auch gleichzeitig eine innere Dynamik aufweist. Umlaufende Trägheitskräfte führen daher zu einer zentrumorientierten Eigenbewegung, die wiederum, wegen einer endlichen Um- oder Durchlaufbahn, zeitabhängig ist. Für einen externen Beobachter entstehen so Zitterbewegungen des Atoms um das Zentrum. Stoßen einzelne Atome infolge solcher Bewegungen zusammen, folgen diese den Impulsgesetzen. Hier zeigt sich bereits eine Schwäche des Bohr´schen Modells, denn erfahrungsgemäß können Dynamiken nicht ohne Verluste aufrecht erhalten werden, soll heißen, es müssten sogenannte operative Wirkungsgrade zu Energieschwunden führen.

Da das Wesen des Elektrons noch weitgehend unbekannt ist, können dazu keine weiteren Aussagen getroffen werden. Hinsichtlich der geschilderten Trägheit von Masse betrachten wir das bereits bekannte Newton´sche Axiom der Kraft, das die Trägheit als Massereaktion auf eine äußere Krafteinwirkung beschreibt. Eine einwirkende Kraft generiert im Sinne von - *actio est reactio* - eine innere Kraft mit gleichem Betrag aber entgegengesetzter Wirkrichtung. Wird eine solche innere Kraft, oder genauer, ein solch innerer Impuls durch eine asymmetrische energetische Einwirkung generiert, dann gelten die gleichen Reaktions-Prinzipien, nur die Anschaulichkeit ist etwas verschwommener, da der dazugehörige Prozess der Energiewandlung wohl das ganze Atom betrifft. Beide externen physikalischen Einwirkungen, die Kraft und der Energiebetrag, sind in Bezug auf den dynamische Teil des Atoms Einwirkungen, die, je nach gewähltem Paradigma, als Veränderung der Geschwindigkeit, des Radius oder der Masse beschrieben werden können. In unserem Beispiel des kreisenden Elektrons wird die Dynamik durch dv / dt, also durch eine zeitliche Änderung der Geschwindigkeit erklärt, wodurch sich zweckmäßigerweise und auch sehr anschaulich, die Beschleunigung des System für eine Analyse anbietet.
Die Winkelbeschleunigung - $\varepsilon = \omega^2$ - ist zur Beschreibung jeglicher Einwirkungen, d. h. der reaktionären Prozessveränderungen zur Generierung von Trägheit, geeignet. Für das atomare System gilt, für hinreichend kleine Beträge der Winkelbeschleunigung, relativ zu - $\varepsilon_c = 3{,}22\ 10^{37}\ s^{-2}$- , was einer analogen Winkelbeschleunigung der Lichtgeschwindigkeit, auf das Wasserstoffatom bezogen, entspricht, die Newton´sche Mechanik.

Entsprechend der Feststellung in Kapitel - *Geschwindigkeitsquadrate in der Physik* - auf Seite 46/47, dass relativ bewegte Systeme, mit Blick auf ein Bezugsystem, geänderte Zeitabläufe aufweisen, die Zeit damit proportional dem Wert β ist, gilt für die Asymmetrie in einem solchen System die Relation $\beta = (1 - v^2 / c^2)^{½}$ oder aber auch $\beta = (1 - \varepsilon / \varepsilon_c)^{½}$, die beide eindeutig gleichwertig sind.

Bewegt sich eine elektrische Ladung, so ist auch ein magnetisches Feld vorhanden. Die Kraftwirkungen des elektrischen und magnetischen Feldes stehen im Verhältnis c^2 / v^2 oder $1 / \varepsilon o \; \mu o \; v^2$, dies aber bedeutet, dass bei kleinen Geschwindigkeiten von v, in einer ersten Näherung, die magnetische Kraftwirkung vernachlässigt werden kann, was wir bisher bei unseren Betrachtungen auch getan haben. Unabhängig davon ist der atomare Prozess ein Wechselspiel elektromagnetischer Eigenschaften, die zu einem exakten Verständnis der atomaren Funktionen genauestens beachtet werden müssen. Kreisende Elementarladungen besitzen einen Impuls - $I = h / 2 \pi$ - und ein magnetisches Moment - $m^* = \mu o \; re \; v^2 / 2$ -, deren Quotient als gyromagnetisches Verhältnis definiert ist. Versuche zu diesen Annahmen durch Einstein-de Haas und Barnet haben jedoch doppelte Werte in Bezug auf die Rechenergebnisse ergeben, was wiederum zu einer Spin-Annahme beim Elektron führte.

Inwieweit solche mathematischen Interpretationen die physikalische Wirklichkeit zutreffend abbilden, bleibt abzuwarten. Letztlich sind Messergebnisse Reaktionsgrößen auf quasi aufgezwungene Messbedingungen und somit hinsichtlich der Wirkungsweise, der Funktionalität oder des Aufbaus des Elektrons, des Atoms o. a. atomarer Bausteine nur begrenzt aussagefähig.

Nach diesem kleinen Exkurs in das Umfeld der Trägheitserscheinungen zurück zu unserem Bohr´schen Atommodel. Dieses für unsere bildliche Vorstellung gewählte Paradigma wird mit zwei interaktiv gekoppelten Systemen, dem Atomkern und das ihn umgebende dynamische Elektron, beschrieben. Es besteht die berechtigte Annahme, dass wir alle Wechselwirkungen zwischen diesen Bausteinen des Kleinen und gegebenenfalls ihre Wechselwirkung mit dem Raum noch nicht umfassend verstehen. Der Verzicht auf eine externe Wechselwirkung zum Beispiel, würde die Systeme für lange Zeiträume in die Nähe eines Perpetuum Mobile rücken.

Dauerhafte Partikelbewegungen und deren Reaktionsgrößen würden damit dem Energieerhaltungssatz nach Robert v. Mayer verletzten, was eben nur sehr schwer bzw. nicht akzeptierbar oder vorstellbar ist.

Zusätzlich dazu sind die beiden unbeeinflussten Systeme, Atom und Elektron, was sie letztlich auch immer sind und wie sie auch immer aufgebaut sein mögen, wechselwirkend in einem Gleichgewichtszustand. Externe Einwirkungen, wie Kräfte, Lageänderungen und Energien, verändern dieses Gleichgewicht zumindest temporär und es entstehen, je nach Einwirkungsart und Einwirkungsrichtung, symmetrische oder asymmetrische Reaktionen zwischen den atomaren Bausteinen.

Bewegt man zum Beispiel einen Kernbaustein durch eine Krafteinwirkung, mit anderen Worten, eine Kraft wirkt eben auf diesen Kernbaustein ein, dann versucht das System Elektron, entsprechend seiner ihm eigenen Dynamik, seinen Ausgangszustand beizubehalten, was folgerichtig zu Kraftreaktionen führt. Ein ähnliches Verhalten können wir gegebenenfalls bei der Bewegungen eines Kreisels beobachten. Diese Reaktionskräfte bezeichnen wir treffenderweise als Trägheit, träge Masse oder wie auch immer, einfach deshalb, da die Masse sich der Lageänderung zu widersetzen scheint.

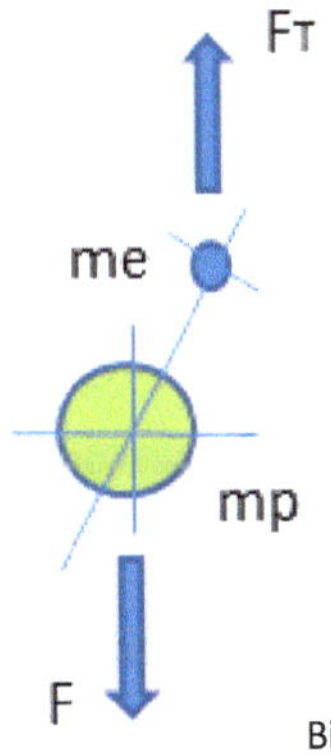

Bild 22

Die angreifende Kraft bewegt das Gebilde Atom, was für das dynamische System Elektron hier einer Beeinflussung seines Umlaufverhalten entspricht. Das Elektron beginnt so durch Superpositionen der Bahngeschwindigkeiten zu oszillieren und zwar mit einem Geschwindigkeitsbetrag pro halber Bahnumrundung von Δv oder eben auch Δω, je nach Wunsch des jeweiligen Betrachters.

Die Geschwindigkeitsänderungen entsprechen nach dem Newton´schen Axiom der Kraft von Seite 33 der Gleichung Ft dt = mp dv. Daraus ergibt sich eine Winkelgeschwindigkeit von $\Delta\omega = \Delta v \,/\, re$ beziehungsweise die entsprechende Winkelbeschleunigung $\varepsilon = \Delta\omega^2$. Damit erhält man für die Beschleunigung des Systems

$$\mathbf{a = dv / dt = \varepsilon\, re = \Delta\omega^2\, re}$$

Zur Veranschaulichung ein kleines Zahlenbeispiel:

Ein Wasserstoffatom soll innerhalb 1 Sekunde auf eine Endgeschwindigkeit von 0,5 m / s beschleunigt werden. Die in dieser Zeit wirkende Beschleunigung auf das Proton beträgt $a = 1\ m/s^{-2}$, das sei schon mal vorweggenommen. Mit den getroffenen Annahmen wirkt sowohl auf den Kern als auch auf das Elektron, unter Vernachlässigung der Elektronenmasse, da diese klein gegen die Protonenmasse ist, der Impuls R = F t und als Zahlenwert R = 1,67 N m / s. Für das Elektron bedeutet dies eine Winkelendgeschwindigkeit $\Delta\omega = 0{,}59\ 10^7\ s^{-1}$, was einen Beschleunigungswert $\varepsilon = 0{,}35\ s^{-2}\ 10^{14}$ ergibt. Damit errechnet sich die zur Lageänderung notwendige Kraft beziehungsweise die entsprechende Trägheitsreaktion zu $F = F_T = me\ \varepsilon\ re = 9{,}1\ 10^{-31}\ 3{,}5\ \ 10^{13}\ 0{,}53\ 10^{-10} = 1{,}67\ 10^{-27}$ N, was auch erwartet worden ist. Definitionsgemäß entspricht der Trägheitsbetrag, bei einer Beschleunigung von $1\ m / s^2$ immer dem Massebetragswert.

Mit diesem Beispiel ist ebenfalls erkennbar, dass Trägheit, elektrische Feldkräfte, magnetische Kräfte und Gravitation, heißt, alle diese materiellen Ausprägungen im Kontext elektromagnetischer Vorgänge erklärbar sind. Sie lassen sich durch temporäre Verschiebungen, d. h., Asymmetrien der materiellen Systeme beschreiben. Die Ursachen solcher atomarer „Verzerrungen“ mögen verschieden sein, wie z. B. Kräfte, Lageänderungen oder auch Energien, die Reaktion der Materie auf solche Einwirkungen ist aber äquivalent.

Die Erde

Mit diesem Kapitel, liebe Leserinnen und Leser, möchte ich Ihnen mit einem etwas ungewöhnlichen Beispiel, man könnte auch sagen, einem irdischen Beispiel, die Möglichkeiten der Mathematik und deren Interpretationsviefalt vorstellen. Dort wo man mathematische Algorithmen zu großzügig interpretiert und kritiklos mit Phantasien koppelt, wird es bekanntlich kritisch. Manche physikalischen Größen erscheinen so suspekt, manche nicht nötig und solche, die per Definition nicht beweisbar sind, sogar unnötig. Am meisten stört aber, dass heutige Physik die Dinge nicht beim Namen nennt. Die Gründe dafür mögen vielfältig sein. Rein mathematische Interpretationen können schwierig bis unvorstellbar werden und führen, um sich im Dickicht des physikalischen Umfeldes zurechtzufinden, zu Verallgemeinerungen und unverbindlichen Aussagen. Der Mainstream lässt grüßen. Nehmen wir dazu als Beispiel die geheimnisvolle instantane Verschränkung von Elektronen und Co. *Hier spricht man von spukhafter Fernwirkungen und dass Teilchen sich in einem Zustand der Überlagerung aller möglichen Zustände befänden. Neben dem Prinzip der Superposition, also der angenommenen Überlagerung von Ereignissen, wird der Zustand, oder richtiger, die Reaktion eines Teilchen erst mit der Messung festgelegt*. Wenn Materie ein Energiefeld besitzt und das ist wohl unstrittig, dann sind diese Felder in gegenseitigem Kontakt, d. h., sie beeinflussen sich instantan dauernd. Dies heißt aber auch, dass mit Veränderungen, im Sinne von externen Einwirkungen auf einen Partikel, also Abweichungen von seinem Grundzustand, Informationen übertragen werden und so jedes Teilchen „miterlebt“ was seinem Partnerteilchen widerfährt. Teilchen A weiß somit, wie es Teilchen B ergeht und kann bzw. muss darauf reagieren. Ein solches instantanes Verhalten können wir quasi auch beim elektrischen Strom beobachten, Obwohl die Wandergeschwindigkeit der Elektronen nur im Millimeterbereich pro Sekunde liegt, ist die Stromwirkung über große Strecken fast gleichzeitig zu erfahren.

Nach dieser Beschreibung driften Elektronen auseinander und driften Massen aufeinander zu. Sicherlich grundsätzlich und im Detail ein sehr komplexes Thema, gerade weil die Beobachtungen auch von den Messeinrichtungen abhängig sind, man könnte auch sagen, verfälscht werden, aber eben doch weit entfernt von spukhafter Physik sind und irgendwie noch vorstellbar bleiben. Hier stellt sich aber auch bereits die Frage, ob wir den Mechanismus oder die Reaktionsfähigkeiten des jeweiligen Teilchens erfahren wollen. Erfahrungsgemäß beschränkt sich heutige Physik vorwiegend auf das **Wie** und weniger auf das **Warum**. Echter und vor allem weiterführender Erkenntnisgewinn benötigt aber mehr denn je Antworten auf beide Fragestellungen. Wie umfangreich und mehrdeutig, aber auch wie interpretationsfähig physikalische Beschreibungen sein können, mag an nachfolgendem Zahlenspiel erläutert werden. Es sei bereits Anfangs erwähnt, dass das nachfolgende Beispiel eine Fortschreibung bekannter Mathematik ist, deren Ergebnisse logischerweise stimmig sind, die Wege dorthin aber Fragestellungen aufwerfen und der Beweise bedürfen. Das Newton´sche Gravitationsgesetz ist Ihnen bereits bekannt und nach Wikipedia hat die Erde eine Masse von $M_E = 5{,}97\ 10^{24}$ kg bei einem mittleren Radius von $R_E = 6{,}37\ 10^{6}$ m. Aus diesen Werten lässt sich problemlos ein Erdvolumen von $V_E = 1{,}08\ 10^{20}\ m^3$ und eine Oberfläche von $O_E = 5{,}09\ 10^{12}\ m^2$ errechnen. Da wir die Elemente weder in der Häufigkeit noch in der Verteilung innerhalb der Erde wirklich kennen, rechnen wir der Einfachheit halber mit dem - *Wasserstoffäquivalent* - Die Masse der Erde entspricht somit $5{,}97\ 10^{24} / 1{,}67\ 10^{-27} = 3{,}57\ 10^{51}$ Wasserstoffatomen der Art $H_{1/1}$. Aus der Literatur wissen wir, dass unserer Erde im Mittel ein Gravitationsfeld von $g = 9{,}81\ m / s^2$ zugeordnet ist, was nichts anderes bedeutet als ein mittleres Beschleunigungsverhalten der Masse und was eben einfach erlaubt, die einwirkenden „Anziehungskräfte“ auf Massen zu ermitteln. Unser Proband, das Wasserstoffatom wird so mit einem Wert von $F_H = 9{,}81 \times 1{,}67\ 10^{-27}$ kg oder $1{,}64\ 10^{-26}$ N „angezogen“.

Nach dem Newton´schen Gesetz - $F_H = G\ M_1\ M_2/\ R^{2}$ - bestimmt sich die Kraftwirkung zu $F_H = 1{,}64\ 10^{-26}$ N und entspricht damit dem Wert der Beschleunigungswirkung. Beide Rechenergebnisse sind quasi identisch, was aber nicht wirklich wundert, da die Kennwerte sich alle aus den Newton´schen Gegebenheiten ableiten.

Jetzt stellt sich noch die Frage, ob mittels des elektrischen Feldes, im Sinne des - AeG - ebenfalls die Gravitationswirkung hergeleitet werden kann. Zwei Elektronen im Abstand des Erdradius erzeugen ein gedachtes elektrisches Feld von $Ee = 0{,}04\ 10^{-21}$ V/m, was unter Berücksichtigung aller Äquivalenzelektronen, in Summe, ein Feld von $E = 0{,}13\ 10^{30}$ V / m ergibt. Von diesem Feld wird wiederum eine elektrische Kraft auf ein anwesendes Elektron bzw. das atomare System von $F = 2{,}03\ 10^{10}$ N ausgeübt. Berücksichtigt man jetzt noch die atomare Reaktion η bei der Energieübertragungen, dann wird die effektive Kraftwirkung ebenfalls $F_H = 1{,}64\ 10^{-26}$ N.

Somit gelten folgende Zusammenhänge:

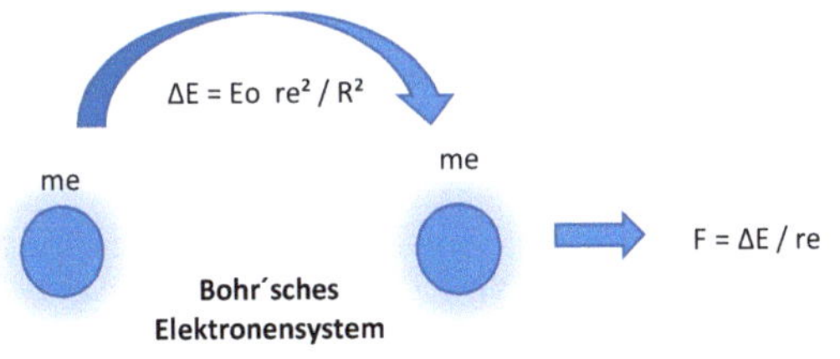

Bild 23

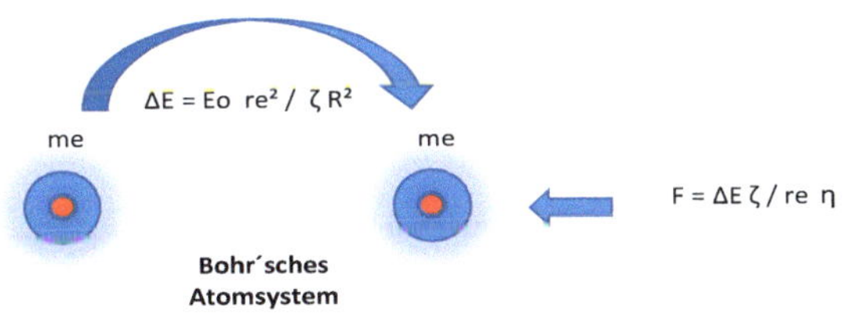

Bild 24

Während beim Bohr´schen Elektron zur Kraftermittlung nur die aktive Energiebeeinflussung durch eines das System umgebende elektromagnetische Feld berücksichtigt werden muss - re^2 / R^2 -, ist beim kernbehafteten Elektron zusätzlich die erzwungene Taktung - ζ - und die Relation der Laufzeiten bzw. deren Kehrwerte, im Sinne der Systembeschleunigungen - $2 \pi \varepsilon e / \omega o^2$ - zu beachten, was aber wiederum den Betragsquadraten der Laufzeiten entspricht.

Mit dem bekannten Energiewert - $E = h \nu$ - ergeben sich zusätzliche Betrachtungsweisen. Die aufgezeigten, gegenseitigen Abhängigkeiten zwischen den Werten Zeit, Winkelgeschwindigkeit, Winkelbeschleunigung und auch der Frequenz bzw. deren Kehrwert ergeben für die alternativen Kraftgesetze folgende Formeln

Elektrisches Kraftgesetz

$$F_c = \frac{Q_1 \; Q_2}{e^2} \; \frac{h \; re}{\varepsilon_r \; R^2} \; \nu$$

Gravitatives Kraftgesetz

$$F_N = \frac{M_1 \; M_2}{mp^2} \; \frac{h \; re}{\varepsilon_r \; R^2} \; \nu \left(\frac{2 \pi \; \varepsilon e}{\omega o^2} \right)^2 \frac{mp}{me} \sqrt{2}$$

Die beiden Gleichungen zeigen deutlich ihren gemeinsamen Ursprung und damit die physikalische Verwandtschaft der operativen Naturen.

Wahrscheinlich ist daher, dass Gravitation und Elektrizität eine tiefe Gemeinsamkeit und gegebenenfalls einen zentralen atomaren Ursprung haben. Die Darlegungen lassen aber ebenfalls erwarten, dass die gemeinsame physikalische Deutung von Gravitation und Elektrik möglich ist.

Anmerkungen zu den einzelnen Termen:

F_C Elektrische Kraftwirkung zwischen Ladungen

$\frac{Q_1 \, Q_2}{e^2}$ Es ist die einheitenfreie Interaktion zwischen beliebigen Ladungsmengen. Einheitenfrei bedeutet aber auch, dass der Begriff der elektrischen - Ladung - bei diesen Betrachtungen keine wirkungsrelevante Bedeutung hat und damit als reiner Multiplikator fungiert.

$\frac{h \, re}{R^2} \, v_1$ Der Term ist die Definition der Kraft, die ihrem Wesen nach scheinbar einer Zentrifugalkraft entspricht und durch den vorherrschenden potentiellen Energiewert generiert wird. Das Ergebnis ist kongruent mit dem Ergebnis des bekannten elektrischen Coulomb´schen Kraftgesetzes, je Einheitsladungsmenge.

F_N Gravitative Kraftwirkung zwischen Massen

$\frac{M_1 \, M_2}{mp^2}$ Dieser Term gibt die Interaktion der beteiligten Massen wider und ist ebenfalls ein reiner Multiplikator physikalischer Gegebenheiten. Der Begriff der Masse ist hier, im physikalischen Sinne, ebenfalls nicht wirkungsrelevant.

$\frac{h \, re}{R^2} \, v_1$ Diese Größe entspricht dem Term des elektrischen Kraftgesetzes und hat damit zweifelsfrei einen elektromagnetischen Ursprung im Sinne des - AeG -.

$$\left(\frac{\omega_0^2}{\Delta\omega^2}\right)^2 \frac{m_e}{m_p} \sqrt{1/2}$$

Diese Zahlenkombination beschreibt das Verhältnis der Trägheitsreaktionen zwischen den Systemen Elektron und Atom, d. h. deren unterschiedliches Verhalten auf eine quasi gleichartige Energieeinwirkung

Anmerkungen zur relativen Permittivität

ϵr

Die relative Permittivität im Vakuum ist definitionsgemäß gleich 1 und für isolierende Stoffe folgerichtig stets größer 1. Da diese relative Größe *feld- temperatur- und* ***stark*** *frequenzabhängig* ist, tendieren die Zahlenwerte bei hohen Frequenzen gegen den Wert 1. Die Energieübertragung der beschriebenen Gravitationswirkungen erfolgt bei Frequenzen um 10^{16} H z.

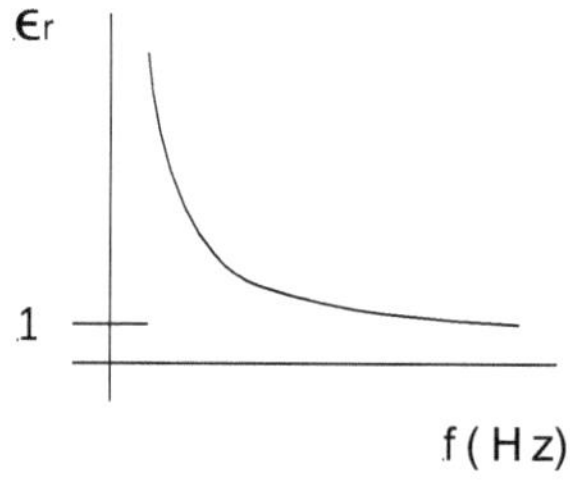

Bild 25

Prinzipieller Verlauf der relativen Permittivität
in Abhängigkeit zur Frequenz

Anzumerken ist aber noch, wenn vorhergegangene Gegenüberstellungen stimmig sind, dass gelten muss:

$$\frac{Q_1 Q_2}{e^2} = \frac{M_1 M_2}{mp^2} \quad \text{bzw.} \quad \frac{e}{mp} = \left(\frac{Q_1 Q_2}{M_1 M_2}\right)^{1/2}$$

Aber dazu später mehr.

Felder im Vergleich

Die einem Elektron innewohnende Energie generiert eine Kraftwirkung, der die heutige Physik eine Ladungseigenschaft zuordnet und die eine Fernwirkung aufweist. Zur Beschreibung des das Elektron umgebenden Raumes, im Sinne der beobachteten Kraftwirkungen, wird dazu ein elektromagnetisches Feld definiert, das sich wiederum aus dem elektrischen Coulomb´schen Gesetz herleitet. Um ein schlüssiges Paradigma zu erhalten, benötigt man dazu feldbegleitende Größen wie Gegenladung, Permittivität und eine sphärische Potentialverteilung, in Form eines Kugelfeldes. Auffällig dabei ist, dass die im elektrischen Feld vorkommende Energie in dem angenommenen Kugelvolumen enthalten sein soll, wie die bekannte Beziehung - $E = \varepsilon_0 \int E_F{}^2 \, dv$ - leicht erkennen lässt. Es wundert außerdem erstmal, dass dieser Energiebetrag quadratisch proportional der Feldgröße ist. Im Umkehrschluss bedeutet dies zwingend, dass das Feld proportional dem Wurzelwert eines Energiebetrages sein muss. Man kann so erfahrungsgemäß bestens rechnen, aber mit Blick auf ein sinnhaftes Paradigma stellt sich schon die Frage, was ein solches Feld operativ ist. Eine so elementare physikalische Größe wie die Energie, die erfahren und ausreichend vorstellbar ist, in die mathematische Abstraktion zu liften, verwirrt, und die Gründe dafür können eigentlich nur in ihren Begleitern, der Permittivität und der Ladung begründet sein.

Entsprechend $E = me\ v^2$ oder $E = h\ v$ hat ein Bohr´sches Elektron einen reaktivierbaren Energiewert von $E = 4{,}36\ 10^{-18}$ J , der dem potentiellen Anteil entspricht. Es ist wohl unstrittig, dass dieser Energiebetrag, unabhängig was er letztlich ist, bzw. welches Paradigma zur Beschreibung der Eigenschaften eines Elektrons gewählt wird, für dessen Reaktionen verantwortlich zeichnet. Entsprechend generiert das Elektron, auf dieser Grundlage, ein sphärisches und raumgreifendes Kommunikationsfeld, man kann auch sagen, es kommuniziert mit dem ihn umgebenden Raum und gegebenenfalls auch mit dort anwesenden Seinesgleichen. Dieses Energiepotential im Abstand R vom Elektronenmittelpunkt kann durch einen Energiebetrag pro Quadratmeter Reaktionsfläche, also durch $E^* = Eo / \pi R^2$ und von Elektron zu Elektron durch $Ee^* = Eo \; re^2 / R^2$, beschrieben werden. Hiermit wird auch das interaktive Reaktionsvermögen eines Elektronenpaars festgelegt. Das so definierte Energiepotential ist raumwirkend, damit sphärisch aktiv und benötigt keine weiteren Erläuterungen oder mathematische Korrekturen.

Ein Zahlenbeispiel soll dies erläutern:

Energiepotential
Das auf ein Elektron im Abstand R = 1 m einwirkende Energiepotential eines einzelnen, gegenüberstehenden Partnerelektrons beträgt demnach $E = 1,23 \; 10^{-38}$ J. Da Elektronen wechselwirken, also interaktiv reagieren, gilt nachstehend Gesagtes für beide Elektronen. Der auf das Elektron einwirkende Energiebetrag bewirkt im Elektronensystem nach Bohr eine dynamische Veränderung, die wir zweckmäßigerweise durch eine Winkelbeschleunigung darstellen. Entsprechend beträgt diese mit $\varepsilon = \Delta E / \Theta$, siehe auch entsprechend Seite 44, $\varepsilon = 4,80 \; 10^{12} \; s^{-2}$ und ergibt nach dem allgemeinen Kraftgesetz für das Elektronensystem eine Reaktionskraft von $F = 2,31 \; 10^{-28}$ N, die wir als Trägheit bezeichnen. Der Wert entspricht exakt der elektrischen Kraftwirkung nach Coulomb (siehe dazu auch Seite 52) und auch einem zuordenbaren Wellendruck.

Elektrisches Feld
Entsprechend dem Coulomb´schen Gesetz hat das elektrische Feld im Abstand R = 1 m vom Elektronenzentrum die Größe $E = 1,44 \; 10^{-9}$ V / m und das Volumen eines dort anwesenden Elektron beträgt $V = 0,620 \; 10^{-30} \; m^3$. Der damit errechenbare Energiebetrag nach - $E = \varepsilon o \int EF^2 \, dv$ -

entspricht nicht dem zur Kraftgenerierung paradigmenrelevanten, notwendigen Energiewert von $E = 1{,}23\ 10^{-38}$ J. Solch ein Betrag kann nur unter Zuhilfenahme der Kugeloberfläche und des Systemradius, also einer quasi Volumenschale mit ca. $E = \varepsilon o\ E^2\ 4\ \pi\ R^2$ re, bestimmt werden.

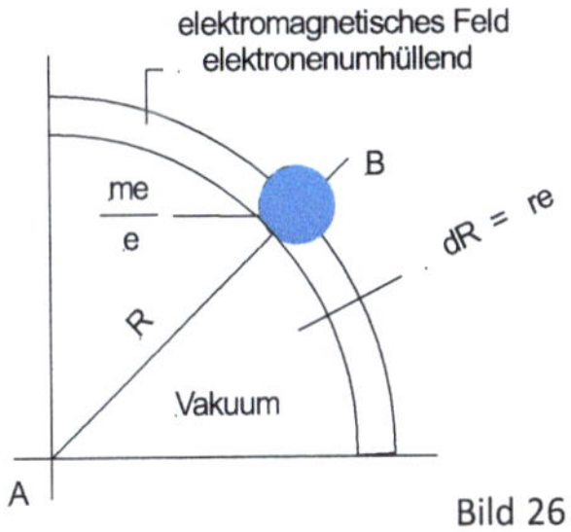

Bild 26

$PB = E^2 \varepsilon o\ 4\ \pi\ R^2 re$

Das Problem ist nur, im Bereich des zu berücksichtigenden Raumes befindet sich das Eletron nur partiell, nämlich an der Stelle B und nicht komplett in diesem Energiestreifen. Mit dieser Erkenntnis ist die Definition eines elektromagnetischen Kugelfeldes nach Coulomb zu hinterfragen. Es kann daher nicht als reales Energiefeld gelten und in dieser Form für eine solche Kraftgenerierung direkt verantwortlich sein.

Zur Erläuterung

Die zwischen zwei Elektronen wirkende Kraft bestimmt sich zu $F = Ef \times e$ respektive zu $F = Eo \times re / R^2$. Daher gilt auch $e \times e / 4\ \pi\ \varepsilon o = Eo \times re$, bzw. $e^2 = 4\ \pi\ \varepsilon o\ Eo\ re$, was aber bereits auf Seite 56 gezeigt werden konnte. Folgerichtig ist dann die Ladung $e = (4\ \pi\ \varepsilon o\ Eo\ re)^{½}$ und mit der äquivalenten Größe $Ef = Eo \times re / e\ R^2$ ergibt sich die elektrische Kraft zu $F = (4\ \pi\ \varepsilon o\ Eo\ re)^{1/2} \times (Eo \times re / e\ R^2)$, was gleichbedeutend ist mit

$$F = (Eo\ re)^{3/2} \times ((4\ \pi\ \varepsilon o)^{1/2} / e\ R^2)$$

Bei einem solchen Ergebnis jubelt des Mathematikers Herz, nur den physikalische Zusammenhang verstehe wer will. Bei einem derartigem Ergebnis kommt einem schon Einsteins Aussage in den Sinn, die da lautete:

Echte Hexenrechnerei, die durch Ihre Kompliziertheit vom Beweis der Falschheit ausreichend geschützt ist.

Es sei jedoch darauf hingewiesen, dass in diesem Beispiel das Ergebnis für die elektrische Kraft nicht falsch ist, aber eben mehr als undurchsichtig erscheint und so weit entfernt von jeglicher humanen Vorstellbarkeit bleibt.

Im Überblick

PhG	**CeG**	**AeG**
Kraft	$e \times e / 4 \pi \varepsilon o R^2$	$Eo\, re / R^2$
Energie	?	$Eo\, re^2 / R^2$
Ladung	e	------
Feld	$e / 4 \pi \varepsilon o R^2$	Eo / R^2
Permittivität	εo	------
Ergebnis	$2{,}31\ 10^{-28}$ N	$2{,}31\ 10^{-28}$ N

Das alternative elektrische Kraftgesetz zeigt sehr anschaulich, dass alleine die Elektronenenergie, genauer deren provozierbarer Energiebetrag Eo, für die Kraftgenerierung und für die definierte Übertragungsgröße - *Energetisches Feld* - verantwortlich ist.

Anmerkung:

Die Gegenüberstellung gilt für das gewählte Elektronenpaar

PhG = Physikalische Größe

CeG = Elektrisches Kraftgesetz nach Coulomb

AeG = Alternatives elektrisches Kraftgesetz

Das Elektron

Das alternative elektrische Kraftgesetz, bei dem die dynamischen Eigenschaften eines Elektrons als alleinige Ursache aller beobachtbaren Kraftwirkungen angesehen werden, betrachtet das Elektron als ein reaktionsfähiges System, das seine Ausprägungen, also seine Reaktionen auf Einwirkungen jeglicher Art, durchgehend beibehält. Mit anderen Worten, ein Elektron bleibt ein Elektron, auch in Kombination mit zum Beispiel einem Proton und seine Definition kann nicht nach Belieben und Zweckmäßigkeit ergänzt oder koupiert werden. Gemäß dem gewählten Paradigma, dem Bohr´schen Atommodell des Wasserstoffatoms, einer kreisenden Partikelmasse um einen Nucleus, wird dieses Paradigma als Kombination zweier atomarer Systeme betrachtet. Im Umkehrschluss ist das freie Elektron daher ein kernloses Wasserstoffatom.

Abweichend zur gängigen Darstellung werden solche Ladungsträger daher in ihrer Gesamtheit, mit all den ihnen zugeordneten Kennwerten berücksichtigt. Die Elektronenbahngeschwindigkeit und der dazugehörende Bahnradius sind somit wesentliche Ladungseigenschaften und dürfen, auch bei vom Atomkern getrennten Elektronen, nicht vernachlässigt werden.

An sich eine logische Schlussfolgerung, die aber im heutigen physikalischen Alltag nicht immer konsequent eingehalten wird. So kreisen Elektronen unermüdlich um einen Atomkern, verlieren aber als freie Elektronen einen Teil ihrer Kennwerte, was dann durch zusätzliche Eigenschaften, weitere Kennwerte und diverser Konstanten wieder ausgeglichen werden muss.

Wie bereits ausführlich beschrieben, generiert Masse bei einer Lageänderung eine Trägheit im Sinne des zweiten Newton´schen Axioms, die wir als eine Kraftwirkung beschreiben. Diesem Trägheitsverhalten haben wir im Kapitel - Masseträgheit - eine Elektronenreaktion zugeordnet.

Das Verhalten des Elektron wiederum ist durch einen Kennwert, z. B. der größenunabhängigen Winkelbeschleunigung quantifizierbar und auch relativ anschaulich vorstellbar.

In unserer Paradigmenwelt heißt dies in einer Zusammenfassung dann aber, dass Materieausprägungen, also auch Kraftwirkungen, Reaktionen des dynamischen, atomaren Systems, damit Folgen des Elektronenverhaltens sind, und dass Übertragungsmechanismen, sogenannte Fernwirkungen durch Energiefelder, einem entsprechenden Signaltransfer im Raum, beschrieben werden können.

Dieser Sachverhalt, dieses Beschreibungsmodell gilt logischerweise auch für kernlose Atome wie das freie Elektron. Daraus folgt, dass das einzelne Elektron kein punktförmiges Etwas ist, sondern ein beeinflussbares, elektromagnetisches System. Wenn ein atomares System mittels eines kreisenden Elektrons und den zugeordneten Kennwerten beschrieben werden kann, dann gibt es gute Gründe dafür, auch ein Atom ohne Kern, also ein freies Elektron, so zu betrachten. Bei übereinstimmenden Kennwerten wie Masse, Energie und Bahnradius ergibt sich für die Bahngeschwindigkeit $ve = 1{,}16 \; 10^{-4}$ m / s, was einer Winkelgeschwindigkeit $\omega e = 2{,}19 \; 10^{6} \; s^{-1}$ entspricht. Analog beträgt die zuordenbare Winkelbeschleunigung $\varepsilon e = 4{,}80 \; 10^{12} \; s^{-2}$.

Der damit einhergehende Energiebetrag entspricht $\Delta E = 1{,}23 \; 10^{-38}$ J. Dieser Wert ist kongruent mit dem nach dem Strahlungsgesetz übertragbaren Energiewert von Seite 53 und 54. Dieser für die elektrische Feldkraft als auch für die Gravitation äquivalente Energiebetrag bestätigt, dass beide Ausprägungen, also die Elektrodynamik als auch die Gravitation, gleichen atomaren Ursprungs sind.

Es ist bei diesen Ausführungen zu beachten, dass die Kennwerte Abweichungen von einem unbekannten Ausgangzustand beschreiben und damit atomaren Reaktionen, d. h., Reaktionsasymmetrien zugeordnet werden müssen.

Unter Berücksichtigung der atomaren Quantelung der Energieübertagung mit $\zeta = 1{,}32\ 10^{16}\ s^{-1}$ ergibt sich ein Kraftquotient Fc / FN = $1{,}24\ 10^{36}$, wie bereits ebenfalls auf Seite 66 allgemein hergeleitet.

Ein Vergleich

Kennwert	**Elektron** o. Kern	**Elektron** m. Kern
Energie, kinetisch	$2{,}18\ 10^{-18}$ J	$2{,}18\ 10^{-18}$ J
Masse	$9{,}10\ 10^{-31}$ kg	$9{,}10\ 10^{-31}$ kg
Ladung	$1{,}60\ 10^{-19}$ As	$1{,}60\ 10^{-19}$ As
Bahngeschwindigkeit	$1{,}16\ 10^{-4}$ m/s	$2{,}19\ 10^{6}$ m/s
Winkelgeschwindigkeit	$2{,}19\ 10^{6}\ s^{-1}$	$4{,}13\ 10^{16}\ s^{-1}$
Winkelbeschleunigung	$4{,}80\ 10^{12}\ s^{-2}$	$17{,}03\ 10^{32}\ s^{-2}$

Der den Systemen Elektron und Atom innewohnende Reaktionsmechanismus, also die Art und Weise auf Einwirkungen zu reagieren, entspricht somit dem Verhältnis

$$\varepsilon a / \varepsilon e = 3{,}56\ 10^{20}$$

Die einzelnen Teilchen, d. h. das Elektron und das Atom, sind daher als schwingende Systeme beschreibbar, mit operativen Schwingungen um **10^{6} Hz** bzw. **10^{16} Hz**, was in Verbindung mit der relativen Permittivität die „Abschirmbarkeit“ von Energiefeldern einerseits und die „Nichtabschirmbarkeit“ andererseits erklären kann.

Die Feinstrukturkonstante

Diese, heute auch die Quantenphysik betreffende physikalische Konstante, man achte darauf, eine einheitenfreie Konstante, auch Sommerfeldkonstante genannt, steht für die elektromagnetischen Wechselwirkungen. Sie ist eine sogenannte Kopplungskonstante, die beschreibt, wie Kräfte zwischen Teilchen wirken sollen.

Diese Konstante berechnet sich wie folgt

$$\alpha = \frac{e^2}{2\, h\, c\, \varepsilon o}$$

und beinhaltet somit bereits bekannte Größen, die durchweg Naturkonstanten sind. Sie ist aber auch das Verhältnis der Elektronenbahngeschwindigkeit zur Lichtgeschwindigkeit im Wasserstoffatom, also $ve / c = 1 / 137{,}036$.

Um diesen Wert ranken sich vielfältige Theorien und Vermutungen und sie ist so augenblicklich eine berühmte Unbekannte im heutigen physikalischen Alltag. Man feiert, wie so oft, jede ihrer Nachkommastellen, ohne eigentlich zu wissen warum. Genauigkeit ist leider kein Maß für die Richtigkeit, vor allem dann, wenn das Ergebnis indirekt, also durch Mathematikanwendung bestimmt wurde.

Hinzu kommt, dass singulär betrachtete atomare Prozesse energetische Verluste aufweisen müssen, die, bei einer umfassenden Rechnerei, entsprechend dem Energieerhaltungssatz, zu Abweichungen führen werden.

So folgen an dieser Stelle auch keine inhaltlichen Kommentare zu dieser bisher unverstandenen Größe, einfach deshalb, weil alles Gesagte rein spekulativ wäre.

Die im - *Alternativen elektrischen Kraftgesetz* - gefundenen Ergebnisse für die Permittivität können aber die obigen Zusammenhänge, in Bezug auf die Betrachtung der Feinstrukturkonstanten, etwas vereinfachen

Mit der Beziehung $\varepsilon o = e^2 / 4 \pi Eo\ re$ erhält man die ladungs- und dielektrizitätsfreie Darstellung

$$\alpha = 2 \pi Eo\ re / h\ c$$

Da in unseren bisherigen Überlegungen der Energiewert gegenüber Rechengrößen wie $h = 2 \pi\ me\ ve\ re$ bzw. $h = 2 \pi\ me\ \omega o\ re^2$, was aus den bisherigen und nachfolgenden Gleichungen ersichtlich ist, im obigen Fällen also re, vorrangig ist, soll der Energiewert - $Eo = h\ \nu$ - mathematisch nicht weiter aufgespaltet werden.

Die Feinstrukturkonstante ist somit ein reines Energieverhältnis und ein Maß für die atomare, elektromagnetische Wechselwirkung, d. h. für die Energiebeträge, die an einer Wechselwirkung beteiligt sind.

$$\alpha = \frac{2\pi Eo}{\frac{h\ c}{re}}$$

oder

$$\alpha = \frac{2\pi E^{m}}{h\ c}$$

Aber dies ist keine wirklich neue Erkenntnis und daher auch keine weitere Antwort auf das **Wie** und **Warum**.

Allerdings zeigt sich, dass die Einheiten von h c und Eo re gleichwertig sind, d. h., Joulemeter entsprechen und damit die atomaren, energetischen Veränderungen, im Sinne diverser Einwirkungen, mathematisch beschreiben.

Resümee

Es war bis zu dieser Stelle ein mehrfacher Spagat zwischen heutiger Physik, einem gewählten Paradigma und der Vielfältigkeit der Mathematik. Physikalische Paradigmen sind nicht nur eine Frage des **Seins,** sondern auch eine Frage des **Wollens**. Je nach deren Wahl können die Wege zu den Ergebnissen sehr unterschiedlich ausfallen. Außerdem sind nach Ockham´s Rasiermesser alle Schritte zur Beschreibung eines Vorganges auf das Nötigste zu beschränken. Aber auch eine solche Zielsetzung ist anfänglich nicht immer eindeutig zu treffen.

Oftmals werden in einer physikalischen Diskussion neue, teilweise unbekannte Begriffe eingeführt, oder es wird auf Verallgemeinerungen aufgesetzt. Als eine der interessantesten Überschriften der Neuzeit ist dabei sicherlich - *Vom Urknall zum Urprall - ewige Ausdehnung oder ewige Wiederkehr* - oder auch - *Energie ohne Ende - Raumenergie gibt es, die Technologie ist vorhanden, nur die Blockaden seitens der Wissenschaft wie auch der großen Energiekonzerne sind enorm* - mögen hier erwähnt sein und als Beispiel dienen. Solche Positionierungen helfen selten weiter, schon gar nicht, wenn solchen Formulierungen die Beweislage fehlt. Jedes Fachgebiet, auch das der theoretischen Physik, braucht Querdenker und ein breites Interesse. Querdenker allerdings, die die vorhandenen erarbeiteten Ergebnisse, im Sinne einer bewiesenen Nutzung, akzeptieren. Man mag zum Beispiel ausdauernd und vielfältig über den bisher unbekannten Mechanismus eines Elektrons diskutieren, dabei auch unkonventionelle und unbequeme Fragen stellen, nur beobachtete und messbare Elektronenreaktionen, wie deren gegenseitige Kraftwirkungen oder Emissionen, brauchen keine grundsätzlichen Diskussionen mehr. Solch ein Wissen ist einfach Fakt und kann als gesichert und richtig angesehen werden. Ein allerdings ebenso wichtiger Aspekt ist, dass heutiges Wissen zu einem Thema, wegen seines Umfangs und seiner Vielfalt, kaum noch umfassend zu beurteilen ist.

So kommt es, dass vielfältige Ergebnisse sich in mathematischen Details verlieren und grundsätzlich nicht oder nur oberflächlich beantwortet werden. Diese Aspekte und die begleitenden Überlegungen führten dazu, die Wechselwirkungen zwischen Elektron, Proton, Neutron und Meson als ein Ereignis, das sich grenzwertig zwischen Masse und Energie abspielt, als atomaren Prozess zu betrachten und diesen atomaren Vorgang als beinfußbare physikalische Größe anzusehen. Der Vorteil einer solchen Vorgehensweise ist, dass die Details der Wechselwirkungen relativ unberücksichtigt bleiben können, andererseits aber, mittels eben der bekannten Masseträgheit als Massereaktion, eine Kenngröße für solche Prozessstörung definierbar ist. Die Trägheit ist eine Eigenschaft der Masse und kann daher zur Berechnung einer „atomaren, temporären, inneren Verzerrung" genutzt werden. Berücksichtigt man dann noch die zyklische Welt des Kleinen, mit ihren sonderbar erscheinenden Verknüpfungen aller Parameter, dann kommt man eben zu temporären, atomaren Asymmetrien.

Bevor wir zu den Zusammenfassungen der einzelnen Kapitel kommen, sei noch angemerkt, dieses Buch wurde aus physikalischer Neugierde, Skepsis gegenüber einer zu großen Mathematikgläubigkeit in der Physik und aus einem Stück Verzweiflung geschrieben. Die Einarbeitung in die -*Mathematik der Quantenmechanik*- hat sich so zeitintensiv gestaltet, dass der Gedanke aufkam, es müsse doch ohne solche Details gehen. Sind harmonische Oszillatoren, Normierungen, mathematische Räume und Wellenfunktionen wirklich für ein grundlegendes Verständnis der Dinge, also heutiger Physik und hier speziell der Gravitation, notwendig? Es war ein Versuch, keineswegs immer geradlinig, aber mit vielfältigen, auch aufkommenden Fragestellungen und noch mehr Antworten. Es war eine positive Erfahrung sich nicht auf mathematische Details und Nachkommastellen zu konzentrieren, denn solch eine Vorgehensweise bringt selten Erkenntnisgewinn, da ein derartiger Focus mehr vom eigentlichen Thema ablenkt.

Physikalische Einheiten und vielfältige Einheitenmixe sagen vielmehr über die Möglichkeiten und den Charakter einer physikalischen Größe aus, als deren noch so genauer Betrag.

Großzügigkeit im Denken, bitte nicht zu verwechseln mit fehlerhaftem Denken, öffnet neue Sichtweisen und vielfältige, auch unkonventionelle Kombinationsmöglichkeiten.

So entstand diese jetzt vorliegende theoretische Arbeit - *Harmonisierung von Elektrodynamik und Gravitation* - basierend eben auf der Annahme, dass Elektronen, Protonen, Mesonen u. a. mit ihren wechselwirkenden elektromagnetischen Eigenschaften für alle Materieausprägungen verantwortlich sind und die bei Einwirkungen abweichenden atomaren Abläufe im Elektron und Atom, die unterschiedlichsten Ausprägungen ergeben.

Im Einzelnen:

Massen und ihre Definition

Der Massebegriff ist für den physikalischen Alltag und den Alltag im allgemeinen eine zentrale physikalische Größe. Ist die Masse aber deshalb, weil eben bisher nur indirekt definiert, eine unbekanntes Wesen? Oh nein, im Gegenteil. Wir kennen doch bereits eine Vielzahl ihrer Eigenschaften. So zum Beispiel die bereits erwähnte Fähigkeit einer Lageänderung mit Trägheit entgegenzuwirken, auf die Anwesenheit anderer Massen mit Gravitation zu reagieren, Wärme zu speichern, im gewissen Rahmen mit elastischer Verformung auf eine einwirkende Kraft zu antworten, gasförmig, fest und flüssig sein zu können und vieles andere mehr. All dies sind aber überwiegend Antworten auf das **Wie** und nicht auf das **Warum**.
All dies sind Reaktionsgrößen, also Antworten der Masse, ihrer Bausteine oder einfach ihre Reaktionen, auf die unterschiedlichsten externen Einwirkungen, denen sie ausgesetzt ist.

Wenn ein Schmied, zum Beispiel, ein Stück Eisen mit Hitze, also durch eine Überdosis Energie, sich gefügig macht, dann wird dieses Teil, entsprechend seiner Natur glühen, Hitze abstrahlen und seine Eigenschaften, wie zum Beispiel seine Verformbarkeit, also seinen inneren Widerstand gegen Krafteinwirkungen, verändern. In der Welt des Makrokosmos genügt es oft, diese Materieausprägungen auf Basis unserer Wahrnehmungen zu bewerten und daraus Schlussfolgerungen zu ziehen. Es ist im Wesentlichen ein System des Vergleichens. Ein Grad Celsius ist die Ausdehnung des Quecksilbers und die Wärmemenge entspricht der Temperaturzunahme eines Liter Wassers, letztendlich also wieder der Änderung des Quecksilbervolumens.

Im Bereich des Kleinen, also des Molekularen oder Atomaren, reicht ein solches Vorgehen aber meistens nicht mehr aus.

Mit dem Blick auf das Innere, also auf die Bausteine der Materie, wurden detailliertere Sichtweisen notwendig. Das quasi für das menschliche Auge unsichtbare Geschehen schob bildgebende Verfahren, experimentell provozierte Reaktionen und vor allem die Mathematik in den Vordergrund des Tuns. So müssen wir heute einen ausgewogenen Weg bei der Materiebewertung zwischen dem Ist, unseren Erwartungen und der Mathematik finden. Niemand weiß, wie vielfältig materielle, sprich atomare Reaktionen letztlich noch sein können. Sicher ist aber, *raffiniertere und komplexere* Einwirkungen, also entsprechende Versuchsanordnungen, werden ebenso *raffiniertere und komplexere* Antworten provozieren.

Nur ein ausgewogenes, zielorientiertes Vorgehen wird uns weitere Einblicke in das atomare Reaktionsvermögen und damit in die diesen Ausprägungen zugrundeliegenden atomaren Mechanismen erlauben, was aber letztlich Antworten auf das funktionelle ***Warum*** *sind.*

Allerdings sind dafür, neben aktiven und passiven Messapparaturen, also auch solche, die nicht notwendigerweise in das Geschehen eingreifen, eine wohldurchdachte Mathematikanwendung und einige grundsätzliche, richtungsweisende, neue Ideen notwendig. Denn bis heute ist die Frage - *was Masse eigentlich ist* - unbeantwortet.

Kräfte in der Physik

Kräfte haben viele, zumindest mathematische Gesichter und unterliegen je nach ihrer Handhabung besonderen Gesetzmäßigkeiten. Sie gehören zu den Vektoren und sind so neben ihrem Betrag auch durch eine Wirkrichtung gekennzeichnet. Ihre, den Betrag begleitende SI-Einheit ist das Newton (N) oder ein Vielfaches davon, zum Beispiel das Mega-Newton (MN). Das Arbeiten mit solchen Größen führt u.a. zur vektoriellen Algebra und zu Betragsquadraten. Ferner können Kräfte, je nach gewähltem Beschreibungssystem, also einem cartesischen, einem polaren oder auch komplexeren Koordinatensystem, inhaltlich zwar gleichwertig, aber mathematisch doch sehr unterschiedlich dargestellt werden.

Physikalisch gesehen ist die Kraft eine der grundlegenden Größen, die auf eine Masse einwirken kann. Dabei können Kräfte auch Arbeit verrichten. In der klassischen Physik, d. h., solange beteiligte Geschwindigkeiten klein gegenüber der Lichtgeschwindigkeit erscheinen, gilt das Newton´sche Axiom der Kraft, also die zeitliche Änderung eines Impulses oder bei konstanter Masse, die zeitliche Änderung der Geschwindigkeit. Bereits auf Seite 33 ist dies wie folgt dargestellt:

$$F = m \frac{dv}{dt} \quad (kg\, m / s^2)$$

Kräfte, auch scheinbar ruhende Kräfte, entspringen somit einem permanenten, zeitabhängigen Impuls. Diese Aussage gilt für alle Kraftwirkungen. So kann man sich zum Beispiel auch die Gravitationswirkung als eine zeitlich, andauernde

Impulsfolge eines, oder richtiger, vieler (M / mp) atomarer Zyklen vorstellen. Ihre extrem kurzen Zeitfolgen empfinden wir als lückenlos und daher als dauerhafte Einwirkung. So sind auch anscheinend ruhende Systeme durch eine atomare Dynamik gekennzeichnet. Letztlich lassen sich alle Kraftwirkungen auf diese Materieeigenschaften zurückführen und als deren Widerwillen, also deren Widerstand gegen Veränderungen deuten.

Auch die auf Seite 35 aufgeführten Formeln zur Kraftberechnung, mit ihren scheinbar unterschiedlichsten Ursprüngen, lassen sich so auf Impulswirkungen begründen.

Kräfte finden sich in vielfältigen physikalischen Größen wieder und sind zur Beschreibung physikalischer Vorgänge, vom Großen bis zum Kleinen, unentbehrlich.

Wird die eine Kraft begleitende Geschwindigkeit gegenüber der atomaren Dynamik groß, d. h., der klassisch beschriebene mathematische Operator bemerkbar „verzerrt“, dann ist der Term $\beta = (1 - v^2 / c^2)^{½}$ von Seite 47 oder auch $\beta = (1 - \varepsilon / \varepsilon_c)^{½}$ zu berücksichtigen. Die Kraftdefinition geht so über in

$$F = m \frac{dv}{(1 - v^2 / c^2)^{½} \, dt} \quad (kg\, m / s^2)$$

und wird damit relativistisch.

Die Gründe dafür liegen einzig und alleine in der Tatsache, dass die Taktfolge atomarer Geschehnisse sich jetzt merklich ändert.

Natur von Konstanten

Konstanten und hier besonders physikalische Konstanten, also Naturkonstanten, sind physikalische Größen, die definitionsgemäß auf keine Art und Weise beeinflussbar erscheinen und sich auch nicht von selbst ändern. Als fundamental werden diejenigen Größen bezeichnet, die für

Teilchen und Wechselwirkungen gleichermaßen gelten. Diese sind im heutigen Ordnungsprinzip der Konstanten die bereits erwähnte Lichtgeschwindigkeit, das Planck´sche Wirkungsquantum und die Gravitationskonstante G. Weitere Konstanten, sogenannte elementare Größen, sind spezieller Art wie Teilchenmasse und Ladungsmenge. Bei genauer Betrachtung muss jedoch die Frage erlaubt sein, ob solche konstanten Beträge, die von einem Einheitenmix begleitet werden, nicht tiefere, verborgene Eigenschaften besitzen, als eben nur ewig konstant zu sein. Letztlich sind diese, von der Zusammensetzung ihrer Einheit her, eindeutig abgeleitete physikalische Größen. So beinhaltet zum Beispiel die Gravitationskonstante das Kilogramm, das Meter und ein Sekundenquadrat in ihrer Einheit. Gut möglich ist, dass die Masse einen Energiebetrag, das Meter auf geometrische Strukturen und der Zeitbegriff auf eine ihr innewohnende Dynamik schließen lässt. Auch wenn bisher noch keine Veränderungen beobachtet werden konnten, ist eine gesicherte Interpolation ihrer Werte in Richtung Vergangenheit und Zukunft, ohne Begrenzung, fraglich und vor allem nicht bewiesen.

Folglich ist zu erwarten, dass auch solche Naturkonstanten bisher nicht erkannte physikalische Vorgänge bzw. physikalische Abfolgen repräsentieren.

Ein deutliches Indiz für eine solche Aussage ist, wenn, wie in unserem Vorgehen, allein ein Wechsel des Betrachtungsstandpunktes, also letztlich ein Paradigmenwechsel, solche Konstanten plötzlich verschwinden lässt und damit scheinbar überflüssig macht. So konnten bei unseren Überlegungen, d. h. mit der Nutzung eines klassischen und anschaulichen Paradigmas, dem Bohr´schen Atommodell und seiner konsequenten Anwendung zur Beschreibung der elektrischen Coulomb´schen und Newton´schen Kraftgenerierungen, die Permittivität, die Permeabilität und die Gravitationskonstante durch Energiebeträge, geometrische Relationen und durch funktionelle, atomare Kennwerte des Wasserstoffatoms respektive des Elektrons ersetzt werden.

Eine äußerst bemerkenswerte Tatsache, die eine Wiederholung bereits Gesagten von Seite 41 erlauben sollte.

Physikalische Konstanten, die mehr als eine Basiseinheit im Sinne der SI - Definitionen beinhalten, sind bisher vielfach unverstandene physikalische Zusammenhänge, somit ein mathematisches Konstrukt und beschreiben daher, direkt oder indirekt, atomare Prozesse oder Prozessverschiebungen.

Die funktionelle Entschlüsselung dieser so wichtigen physikalischen Konstanten erscheint daher, hinsichtlich des weiteren Verständnisses der physikalischen Zusammenhänge, also dem - **Wie und Warum** - elementar und dringend erforderlich.

Geschwindigkeitsquadrate in der Physik

Die Tatsache, dass sich Vorkommnisse in der Natur mittels Geschwindigkeitsquadraten also - c^2 oder v^2 - beschreiben lassen, scheint quasi unabhängig zu gelten. Die damit einhergehenden Betrachtungsgrößen, so der bereits bekannte Energiewert - $E = m\,c^2$ - scheinen vom Makro- über Mesokosmos bis hin zum Mikrokosmos Gültigkeit zu haben.

Diese Durchgängigkeit hat allerdings weniger mit den damit einhergehenden Größenordnungen, also vom Großen bis zum Kleinen, als mit der Reaktionsart, der Reaktionsvielfalt und den Eigenarten der Materie zu tun. Grundsätzlich hat jegliche Materie einen inneren Mechanismus, der sich Veränderungen aller Art erstmal widersetzt. Das ist Fakt, was so einfach hingenommen werden muss. Ausführlich haben wir uns bisher mit der Trägheit, also dem Widerstand gegen eine Lageänderung und ihrer atomaren, elektromagnetischen Ursachen auseinandergesetzt. Gleichzeitig konnten wir in dem betreffendem Kapitel feststellen, dass vielfältige Materiereaktionen, wie Kraftreaktionen aller Art, eben auch auf diese Trägheitsausprägungen zurückzuführen sind.

Zusammenfassend gilt daher, Materie in ihrer vielfältigen Form und Ausprägung hat einen inneren Mechanismus, der sich Veränderungen jeglicher Art erstmal widersetzt. Widerstand bedeutet hierbei, die atomare Struktur generiert, aufgrund der externen Einwirkung, eine innere Reaktion, die wir als Widerstand wahrnehmen und der sich nach dem Gesetz von - actio est reactio - beschreiben lässt.

Die von außen auf ein Materiepartikel oder ein Materiesystem angreifende Einwirkung, so zum Beispiel eine Kraft, provoziert eine innere Reaktion, die wir Trägheit nennen und die als atomare Resultierende ebenfalls als eine Kraft beschrieben werden kann. Die Erkenntnis aber, eine Kraft provoziert eine Gegenkraft, auch wenn diese einen sinnigen Namen hat, sagt noch nicht viel über deren Entstehung und damit über die atomaren Reaktionen aus. Und damit sind wir wieder beim eigentlichen Problem in der Welt des Kleinen angelangt, dem Vergleichen, also dem **Wie** und nicht dem **Warum**. Die einzelnen Details im Mikrokosmos sind für uns quasi unsichtbar. Daher bedienen wir uns zur Beschreibung der Sachverhalte diverser Hilfsmittel wie bildgebender Verfahren, die uns einen tieferen Einblick in die Welt des Kleinen ermöglichen, einem sinnhaften Modell, also einem mehr oder weniger frei gewählten Paradigma und zur Beschreibung der Mathematik. Aber gerade den beiden letzteren Hilfsmitteln ist eine Menge Subjektivität inne, heißt, je nach Wahl des Paradigma und je nach Wahl der Mathematikvariationen wird der sich ergebende Weg zu einer brauchbaren Lösung, also einer zutreffenden Beschreibung des Sachverhaltes, sehr unterschiedlich ausfallen können.
Die Wahl des Bohr´schen Atommodells und das damit verbundenen Derivat eines Bohr´schen Elektrons bzw. dessen durchgängige, konsequente Nutzung, von Elektronendynamik bis zur Trägheit, haben die gut vorstellbare Winkelbeschleunigung, also die Änderung der inneren Dynamik, als brauchbare Kenngröße zur Beschreibung der inneren Reaktionen erkennen lassen.

Damit werden noch nicht die inneren Details in der Materie erkennbar, aber im Rahmen der Modellvorstellungen werden so Vergleiche, wird eine Vergleichbarkeit physikalischer Reaktionen oder materieller Ausprägungen möglich.

Die system- und größenunabhängige Winkelgeschwindigkeit ist offensichtlich, zumindest in gewissen Bereichen, als Systemkenngröße tauglich.

Stehen allerdings die externen Einwirkungen in einer bestimmten Relation zu den inneren Vorgängen, zum Beispiel durch Superposition, dann können solche Einwirkungen merkbare, systematische Veränderungen an den Reaktionen bewirken und damit die bisherig richtig erscheinenden Ergebnisse überlagern und erkennbar beeinflussen. Die Vorgänge werden relativistisch.

Erreichen solche Einwirkungen Grenzwerte, dann werden die Reaktionen gegebenenfalls irreversibel und die betroffene Materie reagiert mit geometrischen und / oder stofflichen Veränderungen wie chemischen Bindungen oder einem Zustandswechsel.

Anzumerken ist noch, dass solche Einwirkungen symmetrisch und asymmetrisch erfolgen können. Entsprechend des sich dabei einstellenden Kräftegleichgewichts können mit solchen Einwirkungen Lageänderungen verbunden sein.

Beschreibungsformen mit Geschwindigkeitsquadraten zeigen daher, wegen der Gleichwertigkeit des Winkelgeschwindigkeitsquadrats und der Winkelbeschleunigung, einen inneren atomaren Spannungszustand, der gegebenenfalls wieder abrufbar oder auch umwandelbar ist.

Einwirkungen können auch gegenseitig, also interaktiv erfolgen.

Anmerkungen zum Zeitbegriff

Im entsprechenden Kapitel wurde die Definition des Zeitbegriffes, speziell einer Sekunde, ausführlich erläutert. 9.192.631.770 Schwingungen eines angeregten Cs-Atoms zu zählen ist naturgemäß eine technische Meisterleistung. Da wir solche humane Fähigkeiten von Natur aus nicht besitzen, braucht es dazu eine Maschine, die wir Atomuhr nennen. Für den alltäglichen Gebrauch wiederum, damit ist der Alltag im Allgemeinen gemeint, sind weitere Instrumente erforderlich, solche, die zum Beispiel nach 9.192.631.770 Schwingungen des Cs-Atoms einen Zeiger um sechs Altgrad weiter bewegen, welche allgemein als Uhren bezeichnet werden. In der heutigen Zeit geht es aber auch ohne Zeiger, eben digital, nur am Prinzip ändert sich dadurch nichts.

Des Prinzips willen stellen wir uns gedanklich einmal vor das Cs-Atom, zählen dessen Schwingungen und sagen nach 9.192.631.770 Schwingungen einfach stopp und legen fest, dass die Dauer dieses Zählens eine Sekunde genannt wird. Mit einer solchen Feststellung, also der Definition einer Dauer, haben wir nichts verändert, nichts hinzugefügt und nichts weggelassen, somit letztlich damit auch nichts bewirkt. Das Cs-Atom schwingt unbeeindruckt weiter, im gleichen Takt und nach den gleichen ihm innewohnenden Eigenschaften, also irreversibel.

Was wir mit unserem Zählen erreicht haben, ist, einen Vergleichsmaßstab zu parallel ablaufenden Vorgängen festzulegen. Somit ist der Zeitbegriff, mit Bezug auf das Cs-Atom, nicht mehr und nicht weniger als ein Multiplikator für fortschreitende physikalische Abläufe. Die Aussage, ein Pendel schwingt in einer Sekunde einmal, heißt doch am Ende des Tages nichts anderes, als das Pendel schwingt 9.192.631.770 mal langsamer als das Cs-Atom, oder, dass ein Sprinter, der 10 Meter in einer Sekunde zurücklegt, für dieses Strecke die gleiche Dauer benötigt wie das CS-Atom für 9.192.631.770 Schwingungen.

Man hätte natürlich, weil eben willkürlich, auch stopp nach zweimal 9.192.631.770 Schwingungen sagen können, um dies dann als eine Sekunde festzulegen. Unser Sprinter hätte so, bei gleicher Laufleistung, in einer Sekunde 20 Meter zurückgelegt. Was sich mit einer solchen willkürlichen Maßnahme sichtbar ändert ist der Betrag der physikalischen Größe - Weg -, aus 10 m sind jetzt 20 m geworden. Unverändert bleiben jedoch die physikalischen Abläufe, die Schrittfolge des Läufers und die den Betrag begleitenden Einheiten.

Da die Natur nichts von unserem zeitlichen Ordnungsprinzip, das wir ihr gedanklich übergestülpt haben, weiß, wird sich ein damit einhergehender physikalischer Ablauf dadurch auch nicht ändern. Ersetzt man den Zeitbegriff durch die physikalisch relevanten Schwingungen, dann wird, sichtbar am Beispiel des Sprinters, immer ein und dasselbe Ergebnis herauskommen, nämlich

$$10 / 9.192.631.770 = 20 / 2x\ 9,192.631.770$$

was aber nichts anderes bedeutet, dass der Zeitbegriff ein bewährter Vergleichsmaßstab und ein hervorragendes Rechenwerkzeug ist, hinsichtlich physikalischen Abläufe aber vollkommen wirkungslos bleibt.

Fakt ist auch noch, dass atomare Schwingungen unumkehrbar, also irreversibel sind. Da gibt es kein vorwärts- oder rückwärts, sondern nur ein immerwährend weiter so. Zumindest ist bis heute noch nie etwas anderes beobachtet worden. Oder hat jemand schon einmal eine vom Tisch gefallenen Tasse wieder zurück springen sehen?
Beeinflusst man die Schwingungen des Cs-Atoms, was durchaus möglich ist, zum Beispiel durch Abkühlung, also Energieentzug und behält gleichzeitig das festgelegte unveränderte Zeitmuster bei, d. h. den ursprünglichen Vergleichsmaßstab, zum Beispiel eine ungekühlte Uhr, dann wird man feststellen, dass die Schwingungsanzahl pro Sekunde eine verändert Messung ergibt.

Aus Sicht der Uhr vergeht die Zeit beim Cs-Atom jetzt langsamer als vorher und aus Sicht des Cs-Atoms, das auf seine 9.192.631.770te Schwingung wartet, bleibt, wegen der getroffenen Zeitdefinition, d. h. des Vergleich mit sich selbst, eine Sekunde eben eine Sekunde, entsprechend 9.192.631.770 Schwingungen. Mit anderen Worten, das Cs-Atom kann in seiner Welt, in seinem System, keine Zeitdifferenz zu vorher feststellen.

In einem Bezugssystem, in dem sich alle physikalischen Vorgänge gleichzeitig ändern, kann daher durch Vergleichen und nichts anderes ist eine Messung, keine Veränderung festgestellt werden. Ein Beobachter außerhalb dieses Bezugssystems kann aber, bei einem Vergleich mit seinem Bezugssystem, zum Beispiel seiner Zeitdefinition, wohl eine Veränderung, heißt eine zeitliche Differenz, im beobachteten System, bei physikalischen und auch biologischen Abläufen, erkennen.

Gemäß Kapitel - *Geschwindigkeitsquadrate in der Physik* - können physikalische Prozesse symmetrisch oder asymmetrisch beeinflusst werden. Bei einer Lageänderung, was im atomaren Geschehen immer einer Superposition von Geschwindigkeiten entspricht, ist die Abweichung durch den Term

$$\beta = (1 - v^2 / c^2)^{1/2}$$

gegeben.

Prinzipiell kann dieser Term jeder der begleitenden physikalischen Größen zugeordnet werden, so zum Beispiel der Zeit, der Masse oder der Länge, was zu Massenzuwächsen oder Längenänderungen führt.

Solche Mehrfachverwendungen des Terms entsprechen quasi einem Paradigmenwechsel, d. h. einer Änderung des jeweiligen mathematischen Bezugssystems.

Das Coulomb´sche Gesetz

Das in der heutigen Fachliteratur zu findende elektrische Kraftgesetz nach Coulomb beinhaltet neben der elektrischen Ladung e respektive Q einen Proportionalfaktor εo bzw. εo εr. Damit kann die Kraftwirkung zwischen zwei sich gegenüberstehenden elektrischen Potentialen bestimmt werden. Die Erläuterungen zu diesem Gesetz erfolgen mit der experimentellen Kraftbeobachtung und mittels Ladungsgrößen, denen bestimmte Eigenschaften zugeordnet werden. Hiermit hat man sich für eine vierte Grundgröße, der bereits bekannten elektrischen Ladungsmenge e entschieden, was den Proportionalfaktor εo erforderlich macht und mit Einheiten versieht.

Die elektrische Ladung, unabhängig ihrer Festlegung, unterliegt dem Erhaltungssatz. In einem abgeschlossenen System bleibt die Summe aller positiven und negativen Ladungen konstant.

Eine andere, anschaulichere, vor allem aber wirkungsrelevante Betrachtungsweise der Kraftgenerierung wird mit dem - *Alternativen elektrischen Kraftgesetz* - beschrieben. Voraussetzung dafür ist, dass ein Elektron durchgehend als ein dynamisches, elektrisches System angesehen wird und die ihm zugeordneten Kennwerte bei dieser Vorgehensweise berücksichtigt bleiben. So erscheinen die dem Elektron eigenen Energiebeträge wechselwirkend und greifen in den dieses Elektron umgebenden Raum. Eine solche Energieverteilung erfolgt strahlenartig und es entstehen so reziprok-proportionale Energiedichten zum Wirkungsabstandsquadrat. Entsprechend der mathematischen Zusammenhänge ergibt sich eine elektrische Kraft, die erstmals als Zentrifugalkraft des kreisenden Elektrons angesehen werden kann. Die auf das jeweilige Elektron einwirkenden Energiebeträge führen zu Elektronenreaktionen, die wir als Trägheitskräfte bezeichnen können. Folglich wird ein Elektron permanent beschleunigt beziehungsweise abgebremst, es oszilliert asymmetrisch, was zum Auseinanderdriften der beiden Elektronen-Systeme führt. Auffallend bei dieser Betrachtungsart ist, dass die Ladung und die Permittivität hierbei keinerlei Bedeutung haben, heißt, beide physikalischen Größen kommen bei einer solchen Beschreibung nicht mehr vor.

Die zwischen Elektronen wirkenden Kräfte können so, unter Nutzung derer Energiebeträge und der vorhandenen geometrischen Verhältnisse, berechnet werden, was gleichzeitig ein relativ sinnhaftes Paradigma als Arbeitsgrundlage, im Sinne der klassischen Physik, ergibt.

Ladungsmengen und Elementarladung sind hierbei reine Multiplikatoren für elektronenspezifische Geschehen. Wirkende Kräfte können mit Isolatoren im Energiefeld beeinflusst, d. h., reduziert werden. Ein Maß dafür ist die stoffrelevante oder relative Permittivität.

Das Gravitationsgesetz

Die Berechnung der elektrischen Feldkraft, die die Kraftwirkung von erstmals etwas Unbekanntem, zweier sich gegenüberstehenden elektrischen Potentialen, beschreibt, beruht auf der Tatsache, dass das Produkt aus einer gemessenen Kraft und dem Abstandsquadrat einen konstanten Wert aufweist. Mathematisch somit $F \times R^2$ ein konstanter Betrag ist.
Zweckmäßigerweise hat man dann beteiligten Elektronen, die im Kern der Dinge ebenfalls Unbekannte sind, eine physikalische Größe namens Ladung zugeordnet, was dann wiederum, zur Anpassung der Messung an die Rechnung, einen Proportionalfaktor erforderlich machte. Diese Konstante steht im Nenner der Coulomb´schen Gleichung und hat die Einheit As/Vm. Ergebnisneutral ist es möglich den Kehrwert dieser Permittivität zu nutzen und ihm dann einen Platz im mathematischen Geschehen als Zähler zuzuordnen. Dort erscheint die ihn begleitende Einheit als Vm/As, was ebenfalls ergebnisneutral ist.

Die dieser Einheitendarstellung innewohnenden Aussagen sind aber total verschieden. Die Größen As/Vm lassen doch vermuten, dass die Einheiten V und m als Ursache des Einheitenpaars As, also der Ladungseigenschaft anzusehen sind, währen die Einheit Vm/As genau einen umgekehrten physikalischen Vorgang signalisieren.

Das elektrische und damit auch das magnetische Coulomb´sche Gesetz beruhen somit auf Messergebnissen, genauer genommen auf Vergleichen, auf sinnvolle und zum System der Betrachtungen passenden Zuordnungen und auf mathematischen Freiheiten, im Sinne der gewünschten und sinnvoll erscheinenden Darstellung.

Die Zuordnung eines Ladungsbegriffes zu einem Elektron bedeutet auch dessen Quantelung, so dass die Anzahl der Einzelereignisse mit Q/e beschrieben werden kann.

Die Schilderung dieser mathematischen Sachverhalte mit Messwerten und eigentlich unbekannten Willkürlichkeiten lässt sich grundsätzlich auf die Gravitationsbetrachtungen übertragen. Auch beim Gravitationsgesetz nach Newton wird ein Produkt aus Kraft und dem Quadrat des Masseabstandes als ein konstanter Wert gemessen. Den sichtbaren Akteuren an dieser Messung, den Massen, die ebenfalls, zumindest ihrer Mechanismen der gravitativen Wirkung betreffend, Unbekannte sind, wird die Fähigkeit einer Kraftgenerierung zugewiesen und diese schlussendlich auf deren kleinstmöglichen Massepartikel, das Proton bezogen. Auch hier wird ein Proportionalfaktor zur Anpassung der Rechenwerte benötigt, den wir als Gravitationskonstante kennen. Dieser kann je nach gewählter Position in der Berechnung einen unterschiedlichen Betrag und eine doppeldeutige Einheit besitzen, d. h. N m^2 / kg^2 oder kg^2 / N m^2. Was diese beiden Gesetze, das Newton´sche und das Coulomb´sche Kraftgesetz, gemeinsam aufweisen, ist ein Messergebnis, die Nutzung von unbekannt wirkenden physikalischen Größen und die sich dadurch ergebende Notwendigkeit von Anpassungsfaktoren.

Die sich dabei zeigende Symmetrie der Fragestellungen hinsichtlich des **Warum** lässt erwarten, dass beide Messergebnisse, d. h. die einer elektromagnetischen und einer gravitativen Kraftwirkung, atomare Gemeinsamkeiten aufweisen. Berücksichtigt man dann noch die Tatsache, dass ein Elektron, also ein atomares Geschehen, welches diese Ladungseigenschaften generiert, durchgängig, also paradigmenübergreifend wirkt, wird eine solche Gemeinsamkeit noch wahrscheinlicher.

Auf Grundlage dieser Überlegungen gelang es, das alternative Gravitationsgesetz als Fortschreibung des alternativen elektrischen Kraftgesetztes mathematisch zu formulieren. Es beinhaltet nur den allen physikalischen Ursachen gemeinsamen Energiewert des Elektrons, die materielle Reaktionsgröße Trägheit und räumlichen Gegebenheiten, also eine dreidimensionale Geometrie, zur Ausformulierung der Kraftgesetze. Keine mathematischen Anpassungen und keine neuen Unbekannten waren dazu erforderlich. Im Gegenteil, diverse physikalische Definitionen wie *Permittivität*, die *Permeabilität* und sogar die *Gravitationskonstante* wurden mit dieser Vorgehensweise überflüssig, was aber aufgrund ihrer doch eher mathematischen Eigenschaften und ihrer Zuordnung zum Elektron und zum Proton verständlich wird. Es wird so auch verständlich, dass die Gesamtbegriffe von Ladung Q und Masse M, in Verbindung mit ihren Elementargrößen, reinen Multiplikatoren von atomaren Ereignissen entsprechen.

Betrachtet man die finale Formulierung des Alternativen Gravitationsgesetzes, so sind folgende Schlussfolgerungen möglich.

$$F_N = \frac{M_1 \; M_2}{mp^2} \; \frac{h \; re}{\varepsilon_r \; R^2} \; v\left(\frac{2\pi \; \varepsilon e}{\omega o^2}\right)^2 \frac{mp}{me} \sqrt{2}$$

Atomare Größen wie Proton, Planck´sches Wirkungsquantum und die geometrischen Größen re und R sind bis auf weiteres als gegeben und unveränderlich anzunehmen, zumindest so lange, bis wir deren inneren Mechanismus im atomaren Geschehen verstehen. Eine Beeinflussung der gravitativen Kräfte ist vordergründig durch eine Massereduzierung, durch Isolierstoffe und durch dynamische Kompensationen, also durch eine dynamische Störung des Energieaustausches, eigentlich einer elektromagnetischen Abschirmung, möglich. Während eine Massereduzierung irgendwie selbstredend ist, müssen Isolatoren um 10^{16} Hz wirksam sein. Dynamische Effekte unterbinden oder kompensieren die Gravitation, was aber hinsichtlich ihrer Diskontinuität weitere Fragen aufwirft.

Erste Versuche dazu von Eduard Krausz mit rotierenden Massen erfolgten bereits.

Das - *Alternative Gravitationsgesetz* - als eine ergebnisorientierte Antwort auf die Frage einer Gemeinsamkeit von Feldkraft, Trägheit und Gravitation, hat ein klassisches Paradigma als Arbeitsgrundlage bestätigt. Elektronenenergie, also das Arbeitsvermögen und die Eigenschaften elektromagnetischer Strukturen in der Materie, scheint durchgängig und alleinig für materielle Reaktionen, wie elektromagnetische Kraftgenerierung, Trägheit, Gravitation, u. a., verantwortlich zu sein.

Dies kann auch als Äquivalenz der einzelnen Wirkungsweisen verstanden werden.

Die Lichtgeschwindigkeit

Die Lichtgeschwindigkeit, allgemein in der Physik mit dem Symbol - c - gekennzeichnet, ist der Akteur im physikalischen Alltag, der irgendwie aus der Reihe tanzt. Ihr Betrag ist im Vakuum nicht nur auffallend groß, d. h., sie benötigt zur Überwindung der Strecke von einem Meter gerade mal 1 / 299.792.458 Sekunden, eine unvorstellbar kleine Zeitspanne.

Dies ist auch der Grund dafür, dass wir die Geschehnisse im Alltag quasi ohne Zeitverzögerung visuell wahrnehmen können. Die Ausbreitungsgeschwindigkeit des Lichtes hängt, wer oder was dieses Energiepaket auch letztlich sein mag, nicht von der Geschwindigkeit der Lichtquelle ab. In Medien wiederum, zum Beispiel bei der Ausbreitung in Glas, ist diese Geschwindigkeit stoffabhängig.

Im weltweiten Netz findet man auch Hinweise, dass die Lichtgeschwindigkeit keine absolute Obergrenze darstelle und in Experimenten bereits überschritten worden sei.
Die scheinbare und messtechnisch nachgewiesene konstante Ausbreitungsgeschwindigkeit widerspricht nicht nur dem Superpositionsprinzip von Geschwindigkeitsvektoren, sie ist auch mit bewährten, essentiellen physikalischen Formulierungen nicht unbedingt konform.
Mit dem Term $1 - v^2 / c^2$ oder in gleichwertiger Schreibweise auch $(c^2 - v^2) / c^2$, ist eindeutig die Überlagerung von Geschwindigkeitsquadraten postuliert.
Hinzu kommen noch Fragen, wie die Ausbreitung und der damit einhergehende Energiebedarf erklärt werden kann. Was treibt ein solches Lichtpaket, also ein Photon, für nicht endend scheinende Zeiträume durch die Weiten des Vakuums. Einerseits folgt eine solche physikalische Erscheinung den Gesetzen der Physik, sie wird zum Beispiel beim Passieren von Masse abgelenkt, andererseits rast es scheinbar energetisch verlustfrei, unbeirrte immer weiter.

So drängen sich doch grundlegende Fragen nach dem **Wie** und **Warum** und was ist bei den jetzigen Beschreibungsformen falsch, in den Vordergrund. Auch wenn an dieser Stelle die Beweislage des atomaren Prozesses der Geschwindigkeitsüberlagerung unbeantwortet bleiben muss, sollen diese Fragen formuliert werden.

+ Die Ausführungen in diesem Buch lassen erkennen, dass atomare Prozesse durch Geschwindigkeitsüberlagerungen gestört, damit verzögert werden. Eine solche Reduzierung beschreibt schlicht und einfach den Vorgang einer Verlangsamung atomarer Abläufe. Wenn nun eine solche Reduzierung des atomaren Geschehens proportional der Geschwindigkeitsbeeinflussung ist, wird die Emission eines Lichtquants immer mit konstanter Geschwindigkeit erfolgen.

+ Das Lichtquant, was auch sein Mechanismus sein mag, wird gegebenenfalls keine Reise durch die Weiten des „Nichts“ antreten, sondern es wird nur ein Impuls weitergeleitet. Die Dynamik einer solchen physikalischen Größe erfolgt sicherlich nach anderen Gesetzmäßigkeiten als die eines Partikels oder Energiepaketes.

+ Da wir Licht in Verbindung mit Masse wahrnehmen, d. h., das von Masse ausgesandte Licht bewerten, werden alle ruhenden Messsysteme die eigenen, produzierten Lichtquanten messen und bewegte Apparaturen dem Superpositionsprinzip entsprechen.

Zum Thema Lichtgeschwindigkeit bleiben hier Fragen, die und wahrscheinlich auch noch andere, zu klären sind. An sich keine ernsthafte Problematik, da Fragestellungen, einhergehend mit gesunder Neugierde, zu weiteren Erkenntnissen führen. Ernsthafter wird es, wenn keine Fragen mehr gestellt werden, wie es bei heutigen Naturkonstanten oftmals zu scheinen scheint.

Axiome und deren Nutzung

Die Beobachtung und anschließende Beschreibung von Geschehnissen allgemein wird oftmals axiomatisiert. Die Reaktion eines Systems, zum Beispiel einer Masse, wird so hinsichtlich seiner Einwirkung beschrieben. Die Verbindung zwischen Aktion und Reaktion ist dann entweder so offensichtlich selbstredend, dass keine weiteren Fragen mehr gestellt werden, oder aber so komplex, dass dabei keine Antworten auf das **Warum** möglich sind.

So ist beim zweiten Newton´schen Axiom der Kraft, das bei unseren Überlegungen eine zentrale Rolle spielt, die Einwirkung eine externe Kraft auf das System Masse, vertreten durch Nukleonen und Elektronen, die mit einer Trägheit, also wieder einer Kraft auf eine solche Einwirkung antwortet, irgendwie vordergründig akzeptierbar. Das **Warum**, im Sinne eines inneren, stofflichen Mechanismus, bleibt hierbei aber unbeantwortet. Eine solches Vorgehen, eine solche Axiomatik, ist für notwendige Schlussfolgerungen und einer Nutzung physikalischer Abfolgen oftmals ausreichend.

Ein hervorstechendes Beispiel für einen derartigen Sachverhalt ist die weltweite Nutzung der stofflichen Eigenschaften, die wir elektromagnetische Wechselwirkungen nennen. Die damit einhergehenden Gerätschaften erzeugen Licht, Wärme, treiben Motore an, lassen uns Verborgenes sichtbar machen und vieles Andere mehr. Die damit verbundene Dynamik überbrückt unbegrenzt Entfernungen in Form elektromagnetischer Wellen und dies aufgrund ihrer Schnelligkeit, ihrer Ausbreitungsgeschwindigkeit, in vielen Anwendungsgebieten quasi ohne eine merkbare Zeitverzögerung.

Bei all dem damit verbundenen Können unsererseits müssen wir uns doch eingestehen, dass wir hinsichtlich des **Warums**, also einer atomaren Wirkungsweise, relativ unwissend sind. Wir haben per dato keine umfassenden Vorstellung hinsichtlich des Mechanismus eines Elektrons, eines Protons oder eines Neutrons, respektive derer ungestörten Wechselwirkungen, was aber für ein grundlegendes Verständnis der Geschehnisse auf Dauer unverzichtbar ist.

Während ein Newton´sches Axiom noch klassisch nachvollziehbar ist, entfernen sich moderne Postulate wie Ladung, Naturkonstanten, gekrümmte Räume, String, Brans, etc. von einer sinnhaften Anschaulichkeit und werden zusätzlich noch extrem mathematisiert.

Die Handhabung der physikalischen Größe - Ladung - zum Beispiel, führt zwangsläufig zur Pemittivität, einfach deshalb, da das Axiom Ladung quasi durch ein Axiom - Konstante - rückgängig gemacht werden muss. Der Quotient $e^2 / \varepsilon o$ ist gleichbedeutend mit $e^2\ 4\ \pi$ Ee re $/ e^2$, was dem Wert eines Energiebetrages proportional ist und damit seine ursächliche physikalische Wirkungsgröße anzeigt.

Mit diesem Beispiel, das stellvertretend für gleichartige Vorgehen bei der Beschreibung von Naturereignissen ist, wird ersichtlich, es ist empfehlenswert, Ockham´s Anspruch auf Minimierung zu folgen und Wechselwirkungen mit möglichst wenigen Axiomen und mit minimalstem mathematischen Einsatz - $e^2/\varepsilon o$ statt e^2 und εo - zu beschreiben. Ansonsten geht neben einer sinnhaften Vorstellung, die für weiterführende Ergebnisse und eine breite Akzeptanz dringendst notwendig ist, auch deren Überschaubarkeit verloren.

Wer hier Zweifel hegt, studiere die Ausführungen zur String- oder M - Theorie respektive die Ansätze zur Schleifen-Quantengravitation. Es lebe die Mathematik!!

Masseträgheit

Die Reaktion einer Masse auf eine Krafteinwirkung ist durch das zweite Newton´sche Axiom der Kraft im klassischen Bereich ausführlich beschrieben. Da solch eine stoffliche Reaktion ursächlich begründbar sein muss, steht im Focus einer solchen Ursächlichkeit, die zweifelsfrei einem Stoff innewohnt, dessen Energiewert und dessen innere Funktionsweise, d. h. die elektromagnetischen Wechselwirkungen zwischen den atomaren Bausteinen. Hierbei ist aber kein absoluter Energiebetrag gemeint, sondern nur der Energiewert, der für die jeweilige Reaktion erforderlich ist. Gleichzeitig ist zu erwarten, dass die einzelnen Abläufe einem inneren, einheitlichen Prinzip folgen. Unabhängig der Bezeichnung dieser damit vorhandenen Dynamik ist es ein innerer Beharrungszustand, ein Widerstand, oder

allgemein formuliert, die atomare Asymmetrie eines inneren atomaren Prozesses.
Analysiert man solche Einwirkungen, zum Beispiel die eines elektromagnetischen Feldes, so ist denen eigen, dass letztlich immer Impulsgrößen damit gemeint sind. Eine scheinbar ruhende Kraft pulsiert ebenso wie ein elektromagnetisches Feld, was man an deren Wellennatur, im Sinne eines Wellendruckes **- p -,** gut erkennen kann.

$$p = \varepsilon o \quad E^2$$

Dabei sind Interaktionen, heißt stoffliche Beeinflussungen durch seinesgleichen, also zum Beispiel von Elektron zu Elektron oder von Masse zu Masse, eine gleichwertige Reaktion auf quasi gegenüberstehende Einwirkungen. Damit hat Mach prinzipiell recht, dass die Trägheit irgendwie mit allen beeinflussenden Massen zusammenhängt. Symmetrien zeigen jedoch bei dieser Betrachtung keine erkennbaren Auswirkungen, einfach deshalb, da sich deren Einwirkungen gegenseitig kompensieren. Dies wird sehr anschaulich, wenn man sich drei gleich große Massen in einem gleichen Abstand R vorstellt, da die mittlere Masse so keinerlei Lageänderung aufweisen wird.

Generell entspricht der Impuls $dRy = me \; d\omega \; re$ und die dadurch generierte atomare Winkelbeschleunigung

$$d\varepsilon = \frac{d^2 F}{me^2 \left(\frac{re}{dt}\right)^2}$$

Sicherlich ein bisschen viel Mathematik, aber auch notwendig, denn der Term re / dt ist ein deutliches Indiz, dass die atomare Reaktion nicht im Sinne einer Kreisbewegung erfolgt, sondern eine Änderungen der inneren Strukturen, wenn auch gegebenenfalls nur temporär, konträr zur Wirkrichtung des extern einwirkenden Impulses stattfindet. Im Umkehrschluss bedeutet dies aber auch, dass alle geschwindigkeitsrelevanten Reaktionen, zum Beispiel in einem Beschleuniger oder in einer Nebelkammer, durch eine Größe, zum Beispiel ein Arbeitsvermögen, eine Materiereaktion in Richtung der jeweiligen Flugbahn, ursächlich sind.

Formal und grundsätzlich erlauben die mathematischen Algorithmen natürlich Veränderungen jeglicher Art nicht nur auf die Beschleunigung eines Systems zu beziehen, sondern auch Änderungen an der Masse, der Zeit und den Geschwindigkeitsgrößen zur Darstellung zu nutzen. Die Fragen, die sich dabei allerdings ergeben, so zum Beispiel, was eine temporär doppelt so große Masse eigentlich real bedeuten kann, sind dann aber nachvollziehbar zu beantworten.

Die auf eine Masse einwirkenden physikalischen Größen, wie Impulse, Energien, Felder, u. a., sind hinsichtlich ihrer Symmetrie bzw. Asymmetrie und ihres gequantelten Betrags, also eines atomaren Zyklus, zu berücksichtigen. Mit anderen Worten, die Frequenz des Geschehens muss in die Betrachtung einfließen.

Die Erde

Mathematik ist ein wichtiger, ja unverzichtbarer Begleiter der gesellschaftlichen Entwicklung. Was mit Annahmen und Realitätsbezug rechenbar ist, soll das betreffende Beispiel zeigen. Erfahrungsgemäß wurden im Laufe der Zeit immer mehr Formulierungen durch mathematische Algorithmen ersetzt. Bei einer großen Vielzahl von Ereignissen kommen so zum Beispiel Wahrscheinlichkeitsbetrachtungen ins Spiel. Mathematisch unterlegte Verfahren zur Beschreibung der Wirklichkeit erfordern daher zunehmende Kenntnisse in der Geometrie, Algebra, Trigonometrie, in der Infinitesimalrechnung, also den Differential- und Integralregeln und helfen so, die komplexen Sachverhalte zumindest ansatzmäßig zu verstehen. Ansatzmäßig deshalb, da moderne Computerprogramme hinsichtlich ihres Volumens und ihrer Algorithmen dem außenstehenden Beobachter nicht mehr wirklich zugänglich sind. Dort wo angewandte Mathematik in der Physik Naturereignisse beschreibt, die sich unseren Sinnen entziehen, zum Beispiel in der Welt der Wahrscheinlichkeiten oder in der Welt des Kleinen, wird es zusätzlich herausfordernder. Bei fehlender Anschaulichkeit bleibt nur noch die Logik, das Experiment oder dessen Interpretation, um mathematische Ergebnisse einzuordnen. Bereits reale Naturbeschreibungen, wie die Durchbiegung eines tragenden Bauteils, erfordern zur mathematischen Erfassung ein wohlüberlegtes Betrachtungssystem, Annahmen und oftmals nicht wirklich beweisbare Korrekturen.

So ist es prinzipiell ein Leichtes, mit Mathematik das Verhalten eines Fenstersturzes zu beschreiben. Das verwendete Bauteil, vielleicht ein Beton- oder ein Stahlträger, wird durch Einwirkungen, wie das Mauerwerk, eine Decke, Verkehrslasten, usw., belastet und muss diese Kräfte auf die stützenden Wände übertragen.

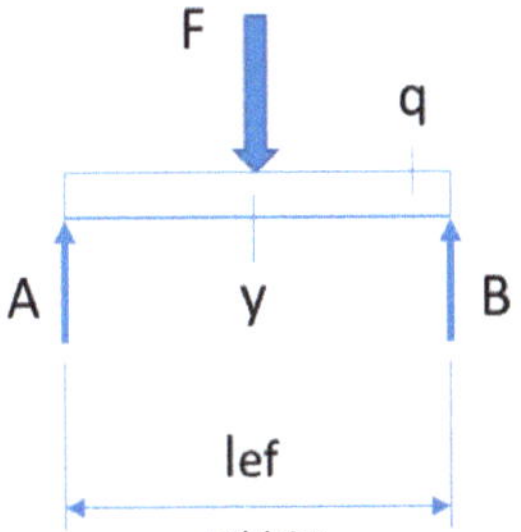

Bild 27

Die Durchbiegung in Trägermitte errechnet sich nach den Regeln der Statik, heißt einem zugeordneten mathematischen Prinzip, mit

$$y = \frac{lef^3}{EI} \left(\frac{F}{48} + \frac{ql}{384} \right)$$

So weit, so gut, nur die der Berechnung zugrundeliegenden Annahmen der Stützweite und die Voraussetzung einer drehbaren Lagerung auf den Wänden trifft nur annähernd zu. In Wirklichkeit wird die Freiheit der Lager durch das Material, durch die Verformung und durch Einbautoleranzen behindert. Somit trifft auch das Ergebnis der Mathematik nur annähernd zu, was durch Einbauregeln, sogenannte Konstruktionsregeln, in den sicheren Bereich geschoben wird, was aber letztlich nichts anderes bedeutet, das mathematische Ergebnis wird korrigiert, damit die zulässigen Werte nicht überschritten werden. Entsprechend wurde die mathematische Beschreibung, wenn man es so nennen will, das zugrundeliegende Paradigma den tatsächlichen

Gegebenheiten angenähert, wurde eine Feinjustierung vorgenommen, die Sprache der Mathematik mit den Erfahrungen der Wirklichkeit abgestimmt.

Das Beispiel lässt ahnen, wie schwierig muss es erst sein, für unbekannte Abläufe mathematische Modelle, also Paradigmen zu finden, die die Wirklichkeit ausreichend abbilden. Bei Experimenten, die sich unserer Anschaulichkeit entziehen, muss Mathematik nicht nur die experimentelle Zielsetzung formulieren, sondern abschließend auch noch deren Ergebnisse interpretieren. Sind sowohl das Ziel als auch das Ergebnis offen, besteht die Gefahr einer Mathematiküberbewertung. Oftmals werden Ergebnisse zudem auch nur indirekt ermittelt.

Auch sind Experimente jeglicher Art immer Eingriffe in das jeweilige System und damit unweigerlich ein Beeinflussung, eine Störung, man kann es auch Provokation nennen, des sonst ungestörten Zustandes.

Was damit anschaulich gemeint ist, lässt sich gut an zwei Personen erkennen, bei der Eine der Anderen von hinten auf die Schulter klopft. Reflexartig wird die angeklopfte Person sich nach links oder rechts drehen. Man kann aber aus diesem kurzzeitigen Verhalten nicht ableiten, dass diese Person, ohne Anklopfen, sich dauerhaft nach links oder rechts dreht.

Im Falle des Gravitationsmechanismus oder einer elektromagnetischen Schwingung atomarer Systeme kann ein solches Anklopfen, also die Störung durch ein Experiment, das Einwirken eines Energiefeldes oder das Auftauchen eines Bosons, als Schulterklopfen, als Phasenverschiebung einer Schwingung aufgefasst werden.

Bild 28 Zeigt die bekannte harmonische Schwingung eines quasi unbeeinflussten elektromagnetischen Systems und Bild 29 den durch eine Interaktion merkbar beeinflussten Verlauf.

Bei den nachfolgenden Ausführungen muss gegebenenfalls zwischen tangentialer Beschleunigung und am cartesischen System ausgerichteten Koordinaten unterschieden werden, worauf mit nachstehender Sinus-Funktion hingewiesen wird.

$$\varepsilon y = \varepsilon t \sin(\omega t)$$

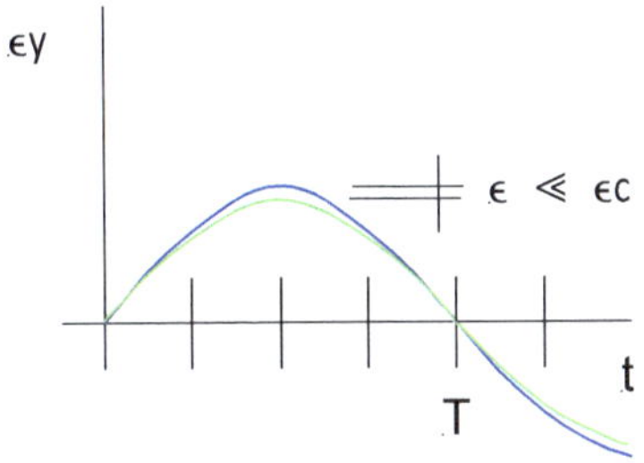

$$t = \sqrt{2 \frac{\varphi}{\epsilon c}}$$

Bild 28

Bei kerngebundenen Elektronen sind die funktionellen Beschleunigungen in weiten Bereichen quasi als konstante Werte anzusehen. Symbolisch bedeutet dies $\varepsilon << \varepsilon c$, oder in Worten, die externe Einwirkung ist wesentlich kleiner als die Systembeschleunigung. Somit kann dieser innerer Wert und damit auch der zeitliche Ablauf, zum Beispiel bei Interaktionen, immer noch als konstante Größen angenommen werden.

$$\varepsilon y = \varepsilon t \sin(\omega t - \Delta\varphi)$$

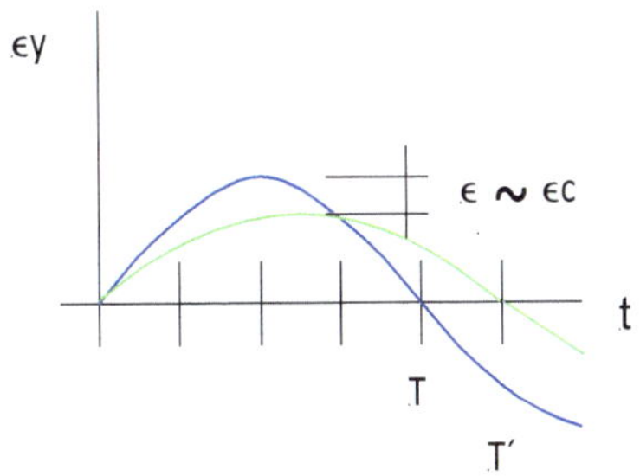

$$t = \sqrt{2 \frac{\varphi}{\epsilon c - \epsilon}}$$

Bild 29

Wird die externe Einwirkung jedoch groß gegenüber der Systemdynamik, geht ε in die Größenordnung von εc, dann ist die externe Beschleunigung unbedingt zu berücksichtigen. Die inneren Abläufe werden dadurch verlangsamt und das System reagiert mit einem erkennbaren inneren Widerstand, einem Beharrungsversuch, auf diesen externen Zwang. Hierbei muss sein: $-\int \varepsilon y \, dT > \int \varepsilon y \, dT'$.

Damit wird gleichzeitig aber auch die zeitliche Abfolge eines Zyklus, eines inneren physikalischen Vorgangs vergrößert. So ergibt sich für den Vergleich zweier solch unabhängiger Zeitsysteme t und t´

$$\frac{t}{t'} = \left(1 - \frac{\varepsilon}{\varepsilon c}\right)^{1/2}$$

was aber gleichbedeutend ist mit dem bereits bekannten Term

$$\frac{t}{t'} = \left(1 - \frac{v^2}{c^2}\right)^{1/2}$$

Daher kann die innere Verzerrung, die temporäre Asymmetrie eines atomaren Systems, vertreten durch die Winkelbeschleunigung, als deren systemübergreifender Kennwert benannt werden.

Felder im Vergleich

Bereits auf Seite 95 wurde gezeigt, dass die für eine elektromagnetische Kraftwirkung erforderliche Energie von E = 1,23 10^{-38} J, am Ort des Partnerelektrons, nicht mit den örtlichen respektive geometrischen Gegebenheiten des - CeG - vereinbar ist. Die Vorstellung, ein Elektron an dieser Stelle läge im Einflussbereich eines kugelförmigen oder ringförmigen verteilten Energiefeldes, ist inhaltlich nicht zu begründen. Zum Erreichen einer zumindest vorstellbaren Deutung, begeben wir uns daher auf die Rückwärtssuche.

Nach dem Coulomb´schen Gesetz ist die Energie eines elektromagnetischen Feldes $W \sim \varepsilon o\ E^2\ V$ und für das elektrische Feld gilt $E \sim e / \varepsilon o\ 4\ \pi\ R^2$. Um die Anschaulichkeit einer möglichen Wirkungsweise zu verbessern nutzen wir dazu die Propotionalitäten dieser Beziehungen,

d. h., mit εo = konstant, wird aus $W \sim E^2 V$ und für das Feld gilt $E \sim e / 4 \pi R^2$. Quadriert man den Ausdruck für E und verwendet diesen zur Darstellung des Energiewertes, so erhält man

$$W \sim \frac{e^2}{\varepsilon o \ (4\pi)^2 R^4} V$$

Mathematisch ist hierbei alles korrekt, wirkungsrelevant gesehen allerdings, mit Sicht auf das Ursächliche, jedoch keineswegs. Das Ladungsquadrat, also e^2, stellt durch die Multiplikation einer Ladung mit sich selbst keine Wechselwirkung, sondern, wegen der Gleichheit der Ladungen, ein, wenn auch zweckmäßiges, mathematisches Konstrukt dar. Mathematisch ist mit $eA = eB$ alles kein Problem, denn es sind nur Zahlen. Wirkungsbezogen ist aber $eA \neq eB$, denn ein Elektron kann nicht mit sich selbst wechselwirken. Gleichzeitig hat man mit der Quadrierung von R^2 die dreidimensionale Anschauung verlassen und sich in eine vierdimensionale Situation begeben. Während der Quotient $e / 4 \pi R^2$ noch als Ladungsverteilung auf einem Quadratmeter Kugeloberfläche vorstellbar ist, entziehen sich die Werte $e^2 / \varepsilon o \ (4 \pi)^2 R^4$ jeglicher außermathematischen Interpretation.

Splittet man jedoch R^4 in $R^3 R$ auf, veranschaulicht man damit, in Verbindung mit 4π, wieder eine vorstellbare Sphäre. Interpretiert man jetzt noch den Abstand R als Verschiebeweg dieses Volumens hin zum Elektronenzentrum, dann ergibt sich der dazu notwendigen Energiebetrag

$$W = \frac{e^2}{\varepsilon o \ (4\pi)^2 R R^3} 4\pi R^3 \Longrightarrow W = \frac{e^2}{\varepsilon o \ (4\pi) R}$$

Aber auch hier ist die Seite eines fiktiven Quadrates nicht automatisch eine Sphärengröße, auch wenn deren Betrag aus geometrischen Gründen gleich ist.

Für die Permittivität ergeben sich so die Gleichungen

$$\varepsilon o = \frac{e^2}{(4\pi)\ W\ re} \quad \text{oder} \quad \varepsilon o = \frac{e^2}{(4\pi)\, h\ \nu\ re}$$

Eine äquivalente Betrachtung mit dem Quotienten $e/\varepsilon o$ als Wirkgröße pro Quadratmeter Kugeloberfläche und dessen Verschiebung in Richtung Zentrum verbessert die Visualität keineswegs.

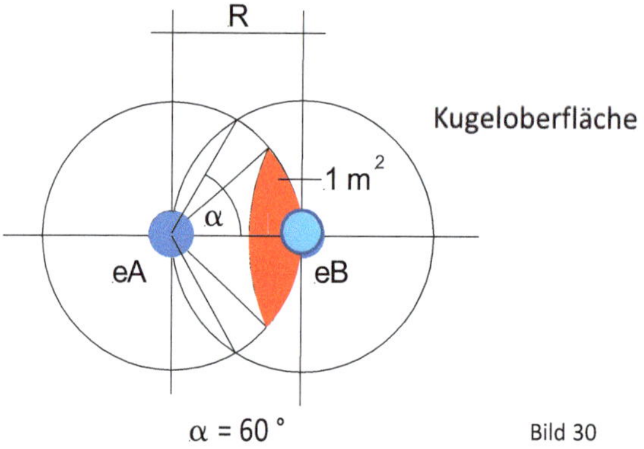

Bild 30

$e / 4\pi\ R^2$ oder $e / \varepsilon o\, 4\pi\ R^2$

Auf die Zusammenhänge bei einer klassischen Betrachtung der Wechselwirkung, durch Energieeinwirkungen auf vorhandene Geometrien des Elektronenmechanismus, bei einem sich gegenüberstehenden Elektronenpaar, im Rahmen des erarbeitenden *-Alternativen elektrischen Gesetzes-* ist im Kapitel - Das Coulomb´sche Gesetz - ausführlich eingegangen worden, so dass sich eine Ergänzung oder Wiederholung an dieser Stelle erübrigt.

Zusammenfassend gilt:

+ Im Coulomb´schen Gesetz wird durch die Multiplikation einer Ladung mit sich selbst, die wirkungsrelevante Beschreibung des inneren Mechanismus eines Elementarteilchen verlassen.

- + Permittivität und Permeabilität sind aufgrund des geschilderten Sachverhalts mathematische Bindeglieder zwischen der Coulomb´schen Darstellung und der uns real erscheinenden energetischen Welt, was dadurch bekräftigt wird, dass diese Konstanten, die Permittivität und die Permeabilität, bei einer dreidimensionalen, mathematikreduzierten Vorgehensweise, entsprechend dem - *Alternativen elektrischen Gesetz* -, nicht mehr erforderlich sind.

- + Die beiden Konstanten, die Permittivität und die Permeabilität, sind somit eindeutig mathematische Konstrukte.

- + Durch die Vermischung von Aktion und Reaktion, von Ursache und Wirkung, also von aktivem und passivem Elektron, wird eine gegenseitige Abhängigkeit geschaffen, die so wechselwirkend nicht wirklich bestehen.

- + Die Elektronenenergie wird offensichtlich nur indirekt in den das Elektron respektive die Ladung umgebenden Raum übertragen, da anderweitig ein Energieverlust sichtbar werden müsste. (Induktion?)

Das Elektron

Das Elektron wurde 1874 von Stoney und Helmholtz als negatives Teilchen entdeckt. Elektronen können nach heutigem Wissensstand als freie und gebundene, also um einen Kern kreisende Elektronen aufgefasst werden. Gebundene Elektronen bilden dabei eine Art Elektronenwolke. Mit beiden Zustandsformen geht eine stabile Lebensdauer einher. Die Elektronenwanderung, das Springen von Atom zu Atom, wird als elektrischer Strom bezeichnet.
Obwohl bisher beim Elektron keine Ausdehnung nachgewiesen wurde, wird dem Elektron für die mathematische

Wechselwirkung ein sogenannter virtueller Wirkradius von $m_{re} = e^2 / 4\, \varepsilon_0\, \pi\, m_e\, c^2 = 2{,}81\ 10^{-15}$ zugeordnet.

Die Elementarladung e wurde 1909 von Millikan bestimmt und bildet zusammen mit der Elektronenbewegung die Voraussetzung aller elektromagnetischen Vorgänge. Das Atommodell nach Rutherford ist die Grundlage unserer heutigen Vorstellung des Atomaufbaus. Um einen Kern kreisende Elektronen, die eine sogenannte Elektronenhülle bilden. Mit dem darauf aufbauenden Atommodell nach Bohr konnten die Energiestufen der Elektronenhüllen berechnet werden. Die Einführung der Wellenstruktur durch de Broglie und die Definition des Planck´schen Wirkungsquantum führten zu einer mathematischen Beschreibung der Welt des Kleinen, des Mikrokosmos, die wir Quantenphysik nennen.

Die gegenseitige Beeinflussung von Elementarteilchen kann durch elektromagnetische Felder oder durch Austauschteilchen, sogenannte Bosonen, beschrieben werden. Man unterscheidet dabei vier Arten von Wechselwirkungen und zwar die

elektromagnetische - Magnetismus, Licht, etc. -
starke - Kernbausteine -
schwache - Umwandlungsprozesse -
gravitative - Gravitationswirkung -

Wechselwirkung. In der heutigen Physik werden diese Erscheinungen durch sogenannte Botenteilchen, also Austauschteilchen erklärt. Die Mathematik stellt dafür sogenannte Kopplungsparameter zur Verfügung.

Für die Gravitation gibt es im Standardmodell bisher keine überzeugende Erklärung und so wird nach Gravitationswellen und dem masselosen Graviton geforscht.

Nach den Versuchen von Holzstätter sollen Elementarteilchen eine innere Struktur aufweisen.

Diese Gegebenheiten haben dem Elektron Zuweisungen, wie eine Ladung, eine Masse, einen Energiebetrag, einen Spin, ein magnetisches Moment und eine Compton-Wellenlänge, beschert. Alles Eigenschaften, die notwendig erscheinen, um das Verhalten eines Elektrons zu erklären. Soweit zum heutigen Sachverhalt der uns betreffenden Physik, in Stichworten.

Wirklich grundlegend kann hierbei aber nur der den atomaren Bausteinen innewohnende Energiebetrag sein, der für alle beobachtbaren Ausprägungen fundamentaler Elementarteilchen zuständig sein sollte. Simpel dargestellt ist die Gesamtenergie des Elektrons die Summe aus der über eine Entfernung wirkenden dynamischen Energie und der Systemenergie, die zur Aufrechterhaltung der elektromagnetischen Eigenschaften und Funktionen notwendig ist.

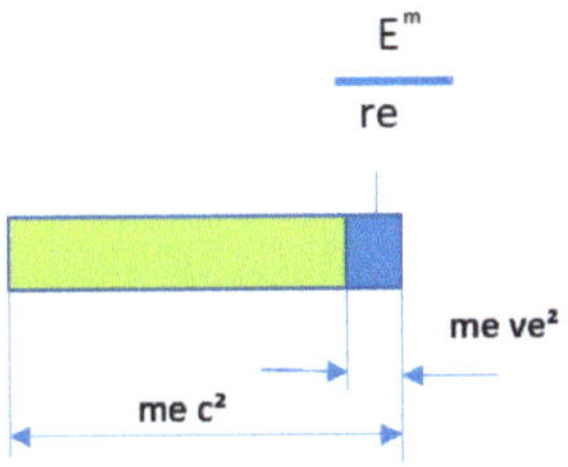

Bild 31

Elektronenenergien

Diese Überlegungen führen zu grundlegenden Kennwerten wie dem Joulemeter (Jm) und einer inneren Dynamik um 10^6 Hz, aber auch zur Erkenntnis, dass fundamentale Naturkonstanten wie die Permittivität und die Permeabilität nur mathematische Konstrukte auf Basis dieser Energiewerte sind. Die elektrische Ladung kann damit auch als Joulemeter pro Elektron oder pro Ladung angesehen werden. Während die Ladung als raumfüllende Kopplungsgröße betrachtet wird, was zu örtlichen Widersprüchen führt, wird die Kenngröße Energiemeter oder Joulemeter E^m auf die Wirkungslinie der Kräfte, also auf die Verbindungslinie der Wirkungszentren bezogen, was zutreffender erscheint.

Ferner werden diese Kräfte als Ergebnis räumlicher, also dreidimensionaler atomarer Prozesse, mit Bezug auf die jeweiligen Spantflächen der Elementarteilchen, angesehen.

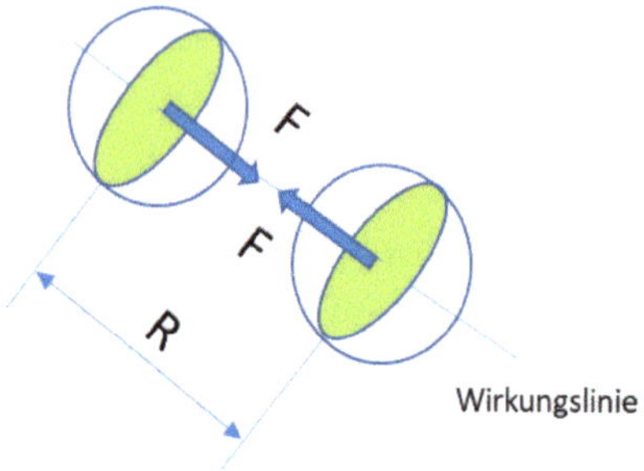

Bild 32

Interaktion bedeutet aber auch, dass beide Partner gleichwertig an einem Prozess der Kräftegenerierung beteiligt sind, denn nur so lassen sich betraglich gleichgroße Kraftwirkungen bei einer unterschiedlichen Mengenlage der Akteure erklären. Das Joulemeter als Einheit ist somit eine Zusammenfassung energetischer, geometrischer und wirkungsspezifischer Größen eines Elektrons, zur handlichen Beschreibung der Kraftgenerierung zwischen solchen Teilchen. Es ist daher ebenfalls ein mathematisches Konstrukt mit prozessrelevantem Hintergrund.

$$Fe\, R^2 = Eo\, re = E^m$$

oder

$$F = \frac{E^m}{R^2}$$

mit $E^m = 2{,}31\ 10^{-28}$ Jm für das freie Elektron, wobei gilt

$$\frac{e^2}{\varepsilon o} = 4\,\pi\, E^m$$

Nachdem die physikalischen Zusammenhänge bis hierher doch relativ anschaulich, in klassischer und dreidimensionaler Form dargestellt werden konnten, jetzt noch ein Blick in die Welt der visuell kaum zugänglichen Quanten. Da sich die klassische Physik in der umfassenden Beschreibung atomarer Vorgänge schwer tut, beschränkt man sich bei Aussagen auf nachprüfbare Beobachtungen. Allerdings ist relativ wenig beobachtbar. Das heißt im atomaren Bereich, Emissionen und Absorptionen, Intensitätsverteilungen, zum Beispiel bei Spektrallinien und das Photon.

Vorteilhaft ist dabei, mit Naturkonstanten zu rechnen, auch deshalb, da diese ausreichend genau benannt sind.

Allerdings geschieht diese äußerst exakte Vorgehensweise auf Kosten der Anschaulichkeit und des Verstehens. Diese Darstellungen sind daher unabhängig ihrer Richtigkeit, bis auf weiteres, weitgehend pure Mathematik.

Für das Wasserstoffatom ergibt sich hierbei die Bahngeschwindigkeit und der Bahnradius, f. d. Energiestufe n = 1, wie folgt:

$$ve = \frac{e^2}{2\ \varepsilon o\ h} = 2{,}19\ 10^{6}\ m/s$$

$$re = \frac{\varepsilon o\ h^2}{\pi\ me\ e^2} = 0{,}53\ 10^{-10}\ m$$

und mit dem kinetischen Energiewert

$$W = \frac{me\ \ e^4}{\varepsilon o^2\ 8\ h^2} = 2{,}18\ 10^{-18}\ J$$

bestimmen sich die bisher klassisch ermittelten Größen zu

Winkelgeschwindigkeit

$$\omega o = \frac{e^2}{2\ \varepsilon o\ \ h\ \ re} = 4{,}13\ \ 10^{16}\ \ 1/s$$

Laufzeit (0 - π bzw. π - 2π)

$$T = \frac{2\pi\ \ \varepsilon o\ \ h\ \ re}{e^2} = 0{,}76\ \ 10^{-16}\ \ s$$

Taktung (0 - π bzw. π - 2π)

$$\zeta = \frac{e^2}{2\pi\ \ \varepsilon o\ \ h\ \ re} = 1{,}32\ \ 10^{16}\ \ 1/s$$

Beschleunigungsquotient

$$\frac{\varepsilon e}{\varepsilon a} = \frac{\varepsilon o\ \ h^2\ \ re}{e^2\ \ me\ \ \pi} = 0{,}28\ 10^{-20}$$

Joulemeter

$$E^m = \frac{e^4\ \ me\ \ re}{\varepsilon o^2\ \ 4\ \ h^2} = 2{,}31\ \ 10^{-28}\ \ Jm$$

Gravitationskonstante

$$G = \frac{\varepsilon o\ \ h^4\ \ re^2}{e^2\ \pi\ \ me^3\ \ mp}\sqrt{2} = 6{,}67\ \ N\,m^2/kg^2$$

Alle Werte sind gerundet.
Nachkommastellen siehe Seite 157

Das Thema Gravitation und dessen Umfeld fordert schon einen etwas phantasiebegleitenden Physikbezug. Da die grundlegenden Wechselwirkungen zwischen Elektron und Nucleus nicht wirklich bekannt sind, stützen sich unsere Vorstellungen auf das Reaktionsverhalten dieser atomaren Bausteine. Man kann daher nur hoffen, dass es uns nicht wie im nachstehenden - Cartoon - ergeht, und wir mehr glauben, als wir wissen.

Quelle: ⓒ Til Mette-/stern-Hamburg

Das Cartoon - *Gravitation* - wurde freundlicherweise von Herrn Til Mette aus Hamburg zur Verfügung gestellt, wofür ich mich herzlich bedanke.

Kompendium, alles nochmal in Kürze

Es spricht einiges dafür, dass das Elektron, nicht wie allgemein angenommen, permanent um den Kern kreist und dabei eine Zentripetal- oder Zentrifugalkraft generiert, sondern, im Rahmen des geschilderten Radius, durch den Kern oszilliert. Wird diese Oszillation gestört, reagiert das Elektron in Richtung der Einwirkung und die Dynamik der Oszillation baut eine Gegenkraft auf, die wir treffenderweise als Trägheitskraft oder träge Masse bezeichnen. Die Wirkung dieser Reaktionskraft ist der resultierenden Einwirkung entgegengesetzt. Solche Einwirkungen können Kräfte, Geschwindigkeiten oder auch Energien sein. Einwirkungen können symmetrisch oder asymmetrisch erfolgen, wobei Asymmetrien mit Lageänderungen des betroffenen Systems verbunden sein können.

Nach den vorstehenden Betrachtungen zeichnet für solche Reaktionen der wirkende Energiebetrag des Elektrons, so dass man annehmen kann, dass die Gesamtenergie des Systems, also $E = m c^2$, sich aus dieser wirkenden Energie und einem Restenergiebetrag - $E^* = me\ c^2 - me\ v^2$ - zusammensetzt. Dieser Energieanteil ist offensichtlich zum Erhalt der Systemfunktionen erforderlich. Richtigerweise sind dies nur Annahmen, die sich aus den bisherigen Betrachtungen ergeben, denn alles was wir messen und beobachten können, sind Reaktionen und Reaktionsgrößen des Systems Elektron bzw. Atom. Deren Wechselwirkungen erfolgen in einem zeitlichen Ablauf, also getaktet und haben daher eine Quantelung der begleitenden Kennwerte zur Folge. Eine an sich logische Schlussfolgerung, da die verwendete Zeitbetrachtung, heißt ein Messbetrag pro Sekunde, ein Vielfaches einer solchen Taktung ist.
Ein Atom besteht so aus zwei gekoppelten, man kann auch sagen, überlagerten, eigenständigen, elektromagnetischen dynamischen Systemen, die trennbar und zusammenfügbar sind. Aus energetischen Gründen ist ebenfalls anzunehmen, dass diese Systeme ihre Dynamik, die wir zur Veran-

schaulichung als Schwingungen definieren, an den umgebenden Raum, also an das Vakuum weiterleiten. Die damit einhergehenden Impulswerte breiten sich im Raum kugelförmig aus und sind somit als Kommunikationsgrößen über Entfernungen geeignet. Treffen solche Impulse, die im Quadrat ihrer Entfernung an Intensität verlieren, auf ein anderes elektromagnetisches System, zum Beispiel ein Elektron oder ein Atom, so reagieren diese Systeme auf die Einwirkung, wenn man so will, auf eine Störung seiner sonst unbeeinflussten inneren Wechselwirkung. Diese Taktfolge von Impulsen kann man auch als Botenteilchen oder Boson bezeichnen.

Die Interaktion zwischen materiellen Bausteinen kann anschaulich mittels der beteiligten Energiewerte der elektromagnetischen und gravitativen Wechselwirkungen beschrieben werden, was den Umweg über diverse Feldfunktionen überflüssig macht. Solche Energiefelder mögen sich hinsichtlich ihrer Impulsfolge unterscheiden, ihrer grundlegende Struktur, ihrer Wirkungsweise ist aber gleichwertig, singulär und vergleichbar.

Mit der Konsequenz, dass ein Elektron ein Elektron ist, unabhängig ob es als ein freies oder gebundenes Elektron fungiert, können die vielfältig beobachteten Kraftwirkungen in der physikalischen Natur auf eine einheitliche Basis der mathematischen Beschreibung gebracht werden. Das von Isaac Newton definierte zweite Kraftgesetz mit der materiellen Reaktionsgröße - *Trägheit* - führt zum größen- und systemunabhängigen Begriff der Winkelbeschleunigung bei dynamischen Systemen und damit auch zu einer vergleichbaren und systemübergreifenden Kenngröße solcher Dynamiken.
Da wir den ungestörten Vorgang der elektromagnetischen Wechselwirkungen nicht ausreichend kennen, jede Messung stellt eine Beeinflussung des Systems dar, ist der Kennwert - *Winkelbeschleunigung* - nur ein Maß für das Reaktionsverhalten des Systems bzw. für dessen temporäre Beeinflussbarkeit.

Wie elementar der Energiebegriff allerdings ist, zeigt sich auch darin, dass, in Verbindung mit euklidischer also dreidimensionaler Geometrie, Naturkonstanten, wie die Permittivität, die Permeabilität und auch die Gravitationskonstante, bei solchen mathematischen Beschreibungen nicht mehr benötigt werden. Auch fällt auf, dass das Newton´sche Axiom der Kraft bei atomarer Anwendung von dv/dt, das heißt, der dort vorherrschenden Winkelbeschleunigung, weiterhin Gültigkeit haben kann.

Besonderheiten im atomaren Geschehen, allen voran die quasi vorhandenen Wechselwirkungsgrößen, führen zur Zeitdilatation.

Die fehlende direkte Definition eines Massebegriffes und die Abhängigkeit des Zeitbegriffs von der atomaren Taktung fordern Anpassungsterme und ergeben so, auf den ersten Blick, einen eigenartig erscheinenden Unterschied bei Zeitmaßstäben, für relativ bewegte dynamische Systeme.

Die Vielfalt der in der Physik verwendeten Kraftdarstellungen, zur Beschreibung physikalischer Erscheinungen, lässt sich auf die innere Trägheit der atomaren Systeme zurückführen.

Naturkonstanten erscheinen bei einer solchen Vorgehensweise als die Zusammenfassung physikalischer Abläufe und sind daher oftmals als mathematische Konstrukte entschlüsselbar.

Die verwendeten Geschwindigkeitsquadrate in physikalischen Formulierungen sind in der Welt des Kleinen Proportionen für die dort vorherrschende Winkelbeschleunigung und somit Werte für innere Beschleunigungsgrößen. Die Gleichwertigkeit von Geschwindigkeitsquadraten und Winkelbeschleunigungen in der atomaren Welt führt daher zu den bekannten, kongruenten Termen

$$\beta = (1 - v^2 / c^2)^{1/2} \quad \text{oder} \quad \beta = (1 - \varepsilon / \varepsilon c)^{1/2}$$

welche auf diverse Größen, wie zum Beispiel zeitliche Abfolgen, Einfluss nehmen. Der jetzige Zeitbegriff, als eigenständige physikalischen Größe, verliert mit diesen Überlegungen seine Wertigkeit. Er wird zum passiven Vergleichsmaßstab und entzieht sich damit jeglicher Beteiligung an physikalischen Abläufen sowie Prozessen.

Die Ergebnisse des Coulomb´schen Gesetzes, mit ihrem Ladungs- Feld- und Permittivitätsbegriff sowie einer oberflächenorientierten Feldzuordnung, können durch ein alternatives elektrisches und magnetisches Kraftgesetz gleichwertig und anschaulich bestimmt werden. Die atomare Energie bzw. die damit einhergehende Dynamik ist hierbei ursächlich.

Die finale Form des im Kapitel - Das Coulomb´sche Gesetz - erarbeiteten - *Alternativen elektrischen Kraftgesetzes* - ist

$$F_c = \frac{Q_1 \; Q_2}{e^2} \; \frac{h \; re}{\varepsilon_r \; R^2} \; v$$

Durch einen Vergleich der inneren Abläufe von Elektron und Atom, also eines freien und eines gebundenen Elektrons, zeigt sich, dass durch die von einem Elektron generierten Impulse eine Gravitationswirkung beschreibbar ist. Hierbei sind neben der atomaren Taktung noch die mit dieser Taktung einhergehenden Winkelbeschleunigungen zu berücksichtigen.
Als Fortschreibung des obigen alternativen elektrischen Kraftgesetzes erhält man, ebenfalls in seiner finalen Form, das - *Alternative Gravitationsgesetz* -

$$F_N = \frac{M_1 \; M_2}{mp^2} \; \frac{h \; re}{\varepsilon_r \; R^2} \; v \left(\frac{2\pi \; \varepsilon e}{\omega o^2} \right)^2 \frac{mp}{me} \sqrt{2}$$

Bei beiden Gesetzen sind Ladungs- und Massebegriffe reine Multiplikatoren atomarer Ereignisse.

Als weiteres Ergebnis solcher Gemeinsamkeiten kann die Gravitationskonstante G aus den Kennwerten des Wasserstoffatoms berechnet werden.

$$G = \frac{Eo\ re}{mp^2} \left(\frac{2\pi\ \varepsilon e}{\omega o^2}\right)^2 \frac{mp}{me} \sqrt{2}$$

Wenn externe Einwirkungen atomare Prozesse behindern, dann liegt es nahe, dass dies auch für die Lichtemission gilt. Die Konstanz der Lichtgeschwindigkeit im Vakuum ist demnach in Summe eine innere Superposition beteiligter Geschwindigkeiten.

Die Konzentration auf die materielle Trägheit und die damit verbundenen Ergebnisse verbessern die Anschaulichkeit der Newton´schen Axiome. Die zeitliche Veränderung einer Geschwindigkeit entspricht im atomaren Bereich dem Betrag einer Winkelbeschleunigung, was die nachstehende Zusammenfassung veranschaulicht.

$$a = dv / dt = \varepsilon\ re = \Delta\omega^2\ re$$

Da wir atomare Vorgänge nicht direkt beobachten können, ist deren Reaktionsverhalten, also die Ausbildung von Trägheitserscheinungen, zur Beurteilung von essentieller Bedeutung. Treten solche Reaktionen symmetrisch auf, so können bei freien Elementarteilchen Oszillationen um ein Zentrum beobachtet werden. Sind solche Einwirkungen jedoch einseitig, also asymmetrisch, dann ist dies mit einer Lageänderung des Teilchens verbunden.

Erfahrungsgemäß können Trägheitserscheinungen, zum Beispiel durch Zentrifugalkräfte, kompensiert werden, was deren mathematische Subtraktion ermöglicht. In dem Kapital - *Erde* - sind die Möglichkeiten der Mathematik beispielhaft aufgezeigt. Mit geschickten und folgerichtigen Annahmen, z. B. der eines Wasserstoffäquivalents, können, jenseits detaillierter Realitäten, richtige und zutreffende

Ergebnisse ermittelt werden.

Die Realität von Feldern, also die Fernwirkung von Feldern, d. h. elektrischen, magnetischen und gravitativen Feldern in der heutigen Physik, ist zu hinterfragen. Am Beispiel des elektrischen Feldes, mit seiner sphärischen Geometrie, wird die Feldwirkung eines Oberflächenquadratmeters einem Elektron zugeordnet. Noch skurriler wird es beim dazugehörigen Energiewert, wo die komplette Kugeloberfläche wirkungsaktiv sein müsste.

Da Elementarteilchen quasi als Perpetuum Mobile erscheinen, kann eigentlich keine substantielle, permanente Energieabgabe in den Raum erfolgen. Allerdings sind Impulsweitergaben oder Wechselwirkungen denkbar. Diese können wirkungsrelevant aber nur in Richtung eines Partnerteilchens erfolgen. Es ist dabei einfach zwingend, will man keine einseitige Bevorzugung eines Teilchen postulieren, dass beide vorhandenen Systeme an einer Kraftgenerierung beteiligt sind. Berücksichtigt man diesen Sachverhalt, führt dies fast automatisch zu einer Harmonisierung der elektromagnetischen und gravitativen Kraftwirkungen, bei gleichzeitiger Annahme einer gemeinsamen durch den Raum übertragenen Signalwirkung, was dann eine gegenseitige, gleichzeitige Beeinflussung des eigenen atomaren Prozess bedeutet. Die Reaktion darauf ist die Generierung von Trägheit, was eine entsprechende Kraftwirkung im Sinne von - actio est reactio - bedeutet. Die von Feldern auf Teilchen übertragenen Impulsgrößen, die bei Annahme einer Wellenstruktur solchen Kräften entsprechen, bestätigen diese Aussagen.

Bei einem Elektron, also bei einem im Kern der Sache unbekannten Etwas, können Zuordnungen naturgemäß nur als Schlussfolgerungen beziehungsweise als Annahmen geschehen. Dessen Funktionen im unbeobachteten, also in einem unbeeinflussten Zustand zu erfassen, wird eine der Herausforderung zukünftiger Physik sein.

So begründen sich eine Vielzahl der heutigen, zugeordneten Elektroneneigenschaften auf die „simple" Messung einer Kraftwirkung, deren Abhängigkeit von einem Abstandsquadrat der Akteure und auf Anpassungsgrößen, im Sinne von Konstanten, genauer Naturkonstanten, die aber oftmals auch noch indirekt ermittelt wurden. Die Verwandtschaft der Ursächlichkeit zeigt sich ebenso in den sich ähnelnden Beschreibungsformen, wie zum Beispiel bei elektromagnetischen und gravitativen Kräften.

Es ist skurril anzunehmen, dass für jeder dieser Kraftwirkungen ein separater, eigener, also voneinander unabhängiger Signaltransfer zwischen den Elementarteilchen stattfinden soll.

Es ist ebenfalls unwahrscheinlich, dass, z. B., bei sich zwei gegenüberstehenden gleichwertigen, freien Elektronen, das eine Elektron sein Kraftfeld generiert und das andere Elektron, quasi als passives Teilchen, davon eine Kraftwirkung erfährt, wie es im Coulomb´schen Gesetz vorausgesetzt wird.
Die Gleichstellung von actio und reactio führt in Form von e^2 zur Kopplungsgröße e^2 / εo, die untrennbar erscheint und deren mathematische Exaktheit durch den Verlust von Anschaulichkeit erkauft wird. Damit einher geht die Notwendigkeit an weiteren physikalischen Größen und eine mathematischen Fokussierung, ohne dabei die zugrundeliegenden atomaren Prozesse ursächlich zu berücksichtigen.

Werden dazu noch diverse Paradigmen mathematisch überlagert, so entstehen unübersichtliche Konstanten-Welten, man kann auch sagen, eine verwirrende Rechnerei, die sich jeglicher Sinnhaftigkeit entziehen.

Es werden damit auf Grundlage der Beobachtung physikalischer Abläufe mathematische Beschreibungen erstellt und deren Ergebnisse, also Rechenwerte, auf vielfältige Art und Weise interpretiert.

Die Einheiten-Matrix des Coulomb´schen Gesetzes stellt sich so wie folgt dar.

$$\frac{\mathbf{As\ As}}{\frac{\mathbf{As}}{\mathbf{Vm}}\ \mathbf{m^2}} = \frac{\mathbf{kg\,m}}{\mathbf{s^2}} = \frac{\mathbf{As\ V}}{\mathbf{m}}$$

Man erkennt darin, dass in der Kopplungsgröße e^2 / εo die Ladung von der Permittivität und die Permittivität von der Ladung und somit beide von der Elektronenenergie, als Ursache alles Wirkens, abhängig sind. Dies zeigt sich auch durch die scheinbare Unzertrennlichkeit von Ladung und Permittivität bei vielerlei bekannten mathematischen Betrachtungen. Berücksichtigt man dazu noch deren ursächlichen atomaren Energie- und Dynamikbezug, dann können diese Werte, mit Blick auf das Bohr´sche Elektron, wie nachstehend beispielhaft ausgeführt, dargestellt werden.

Ladungsgröße im Quadrat

$$e^2 \sim 4\pi\,Eo\,re \sqrt{2\pi \frac{h}{re}}$$

mit der Permittivität

$$\varepsilon o = \frac{e^2}{4\pi \quad E^m} \qquad \text{oder} \qquad \varepsilon o \sim \sqrt{2\pi \frac{h}{re}}$$

Die Einheiten des Radikanden entsprechen hierbei ursächlich einem Impuls.

Es handelt sich naturgemäß um Annahmen, mit der Absicht, den Weg zu einer neuen Betrachtung von Ladung und Permittivität anzuregen, denn die heutige Vorgehensweise ist nicht konform mit einer energetischen Sichtweise im Sinne von -actio est reactio-.

Die verlustfreie Umrechnung von einem in den anderen atomaren Prozess ist wegen prozessbegleitender, notwendiger „Wirkungsgrade“ energetisch nicht zu vermitteln und daher zu hinterfragen Hierbei müssen „Abweichungen“ entstehen und sollten auch berücksichtigt werden.

Um getroffene Annahmen zu kennzeichnen, steht anstelle des Gleichheitszeichen das Proportional-Symbol.

Diese Formen der Darstellungen können jedoch, so lange Naturkonstanten und hier vorrangig die Masse, nicht unabhängig und damit direkt definiert sind, und so der Mechanismus des Elektrons nicht hinreichend bekannt ist, nicht endgültig sein.

Der Massebegriff ist, bis auf weiteres, wie viele anderen Größen in der heutigen Physik auch, ein Stellvertreter und Multiplikator für atomare Reaktionen und daher ein Maß für die innere Energie und die damit einhergehende innere Dynamik des atomaren Systems - Atom -. Gegebenenfalls ist noch die Taktung des freien Elektrons zu beachten, was die Durchgängigkeit der energetischen Betrachtungen und der Wechselwirkungen weiter erhöhen würde.

Hinsichtlich einer direkten Massedefinition besteht dringendster Handlungsbedarf, da damit vielfältige solcher mathematischen Derivate verständlicher werden würden.

So zum Beispiel

$$e^2 \sim 2\,\omega o\, re \sqrt{2\pi \frac{h^3}{re}}$$

beziehungsweise

$$\varepsilon o \sim 2\pi \sqrt{me\,\omega o\, re}$$

was wiederum für den Ladungsbegriff bedeutet

$$e \sim \sqrt[4]{8\,\pi\,\omega o^2\, re\, h^3}$$

Alles eine mathematisch absolut korrekte, richtige und ergebnisorientierte Beschreibung solcher Naturbeobachtungen, aber auch eine etwas verwirrende, ausgrenzende und zu Denkblockaden neigende Sprache der Physik.

Die Splittung der Kopplungskonstanten e^2 / εo ist wirkungsrelevant unzulässig. Die sich so ergebenden Definitionsmöglichkeiten von e^2 bzw. e und εo, sind mathematische Definitionsderivate ohne einen Sinnesbezug.

Als Beispiel

$$e = 2\,\omega o\, re\, (\, 2\,\pi^3\, h\, me^2\, re)^{1/4}$$

Und so stellt sich schon gelegentlich die Frage nach den Gemeinsamkeiten zwischen geheimnisvollen, unbekannten Kräften der Vergangenheit und manchen Definitionen der Moderne.

Entsprechendes gilt auch für die Ladungsgröße pro Protonenmasse in der Form

$$\frac{e}{mp} \sim \sqrt{4\,\pi\, G\, \varepsilon o\, \eta}$$

hinsichtlich derer prozessrelevanten Bedeutung.

Schlusswort

Klassische Betrachtungen zu den Gravitationsthemen haben die Reaktionsgröße - *Trägheit* - als atomare Kenngröße für das der Materie innewohnende Reaktionsvermögen, also eines atomaren, abrufbaren Arbeitsvermögens bestätigt. Aber auch deren Durchgängigkeit bei den verschiedensten materiellen Ausprägungen, wie elektromagnetischen, gravitativen, mechanischen, hydraulischen u. a. Kraftwirkungen, kann damit, besonders in der Welt des Kleinen, grundlegend und übergreifend beschrieben werden. Das singuläre Elektron reagiert, ebenso wie das an einen Kern gebundene Elektron, hierbei auf externe Einwirkungen.

Mit dieser Gegebenheit können Fragen zu Naturkonstanten und diversen Feldannahmen, d. h. elektromagnetischen und gravitativen Feldern oder entsprechenden Botenteilchen, auf eine einheitliche energetische Basis gebracht werden.

Gleichzeitig stellt sich damit aber die Frage, ob die Jagd nach neuen Teilchen und das Rechnen mit mehr oder weniger unverstandenen Naturkonstanten der richtige und sinnvolle Weg zu einem tieferen Verständnis der Dinge ist.

Wer Kraftgesetze, klassische Mechanik, Wellentheorie, u. a. mathematisch durcheinanderwirbelt, ist bezüglich des damit einhergehenden Zahlengerüsts sicherlich auf einem handhabbaren Weg, hinsichtlich eines sinnhaften Verstehens, aber doch eher auf einem mathematischen Möbius-Dreieck unterwegs.

Ebenso kritisch erscheint es, physikalische Größen, wie die Lichtgeschwindigkeit, das Planck´sche Wirkungsquantum, etc., per Definition aus der Beobachtung zu entlassen. Deren Geheimnisse können sicherlich nur durch regelmäßige Kontrollen und genaueste Analysen entschlüsselt werden.

So lässt zum Beispiel der Zusammenhang $h = E / v$, im Sinne eines Scheibenmodelbezugs, doch eher erwarten, dass das Planck´sche Quantum möglicherweise noch nicht die letzte Antwort auf eine grundlegende, unbeeinflussbare physikalische Wirkungsgröße ist. Allein der einwirkende Energiebetrag, zweier sich im Abstand $R = 1$ m gegenüberstehenden Elektronen, von $1{,}23\ 10^{-38}$ J wirft hierzu Fragen auf.

Die in diesem Buch getroffenen Annahmen und aufgezeigten Zusammenhänge erklären letztlich ebenso wenig wie heutige Physik die Funktion und den grundlegenden Mechanismus der Materie respektive ihrer Bausteine. Was die Ausführungen jedoch erlauben, ist, z. B. auf Basis klassischer Physik, eine Durchgängigkeit hinsichtlich verschiedener, ursächlicher Kraftgenerierungen zu beschreiben, heißt, alle beobachtbaren Kraftwirkungen können auf atomare Vorgänge, also auf Elektronenreaktionen zurückgeführt werden. Verallgemeinert heißt dies, dass Materie, bei einer Abweichung von ihrer eigenen Symmetrie, einem inneren Grund- oder Gleichgewichtszustand, einen inneren Widerstand ausbildet, den wir als Kraftwirkung wahrnehmen. Die damit einhergehenden Ergebnisse tangieren die RT und die QED und führen zu den vorgestellten mathematischen Beschreibungsformen.

Als zentrales Ergebnis kann hierbei die Gravitationskonstante G aus den Kennwerten des Wasserstoffatoms berechnet werden. Mathematische Derivate sind dabei möglich.

So drängt sich die grundsätzliche Frage auf, ob der zukünftige Physikbetrieb nicht einen anschaulichen und sinnhaften Weg, eine mit unseren Sinnen zugängliche Form der Beschreibung physikalischer Vorgänge, anstreben muss.

Auf Sicht werden Antworten auf das **Wie,** ohne Kenntnis des **Warum,** keinen nachhaltigen Erfolg haben.

Oftmals vermitteln heute praktizierte Aktivitäten doch eher - Quantität, als Qualität - Die Forschungen am Reaktionsverhalten der Materie überwiegen, was aber gleichzeitig bedeutet, dass die gedankliche Entschlüsselung des atomaren Mechanismus in den Hintergrund tritt. Gerade die mögliche Mehrfachbenennung bei der Permittivität, so zum Beispiel

$$\varepsilon o \sim \sqrt{2\pi \frac{h}{re}}$$

oder

$$\varepsilon o \sim 2\pi \sqrt{me\, \omega o\, re}$$

und die sich daraus ergebende Betragsgleichheit von $|\omega e| = |\omega o\, re|$, mit ihren jeweiligen Abweichungen im Promillebereich, zeigen diesen Sachverhalt deutlich.

Die einzelnen Themen in diesem Buch generierten zwangsläufig Schnittmengen. Manches erscheint daher als Wiederholung auf Basis einer geänderten Sichtweise und wie so oft in der Physik üblich, *Antworten erzeugen neue Fragen*, beispielweise die nach der Wechselwirkung zwischen dem Reaktionsvermögen und dem inneren Mechanismus der atomaren Bausteine, was die Permittivitätsformel mit der Einheit (kg m / s) ½ funktionell beschreibt, oder wie

$$\frac{\varepsilon a}{\varepsilon e} = \left(\frac{R}{re} \right)^2 \quad \text{und} \quad h = 2\pi\, me\, \omega o\, re^2$$

folgerichtig interpretiert werden können .

Wenn es mit diesen Zeilen gelungen ist, Ihnen Neugierde zu vermitteln und gleichzeitig Anregung zu sein, anscheinend naturwissenschaftliche Selbstverständlichkeiten, man könnte auch *sagen -in physikalischen Stein gemeißelte Wahrheiten-* zu hinterfragen, dann hat sich die Arbeit an diesen Themen gelohnt.

Ich danke Ihnen sehr für Ihr Interesse.

Der Verfasser

Appendix

Naturkonstanten in diesem Buch

+ Permittivität

εo = 8,854 187 81 10^{-12} As/Vm

+ Permeabilität

μo = 4 π 10^{-7} Vs / Am

+ Elementarladung

e = 1,602 176 62 10^{-19} As

+ Planck´sches Wirkungsquantum

h = 6,626 070 04 10^{-34} J

+ Lichtgeschwindigkeit im Vakuum

c = 2,997 294 58 10^{8} m / s

+ Gravitationskonstante

G = 6,674 08 10^{-11} m^3 / kg s^2

+ Elektronenruhemasse

me = 9,109 383 56 10^{-31} kg

+ Protonenruhemasse

mp = 1,672 621 89 10^{-27} kg

Zahlenwerte

SI - Einheiten

e	= 1,6022		h	=	6,6261
me	= 9,1094		εo	=	8,8542
mp	= 1,6726		G	=	6,6741

Rechenwerte

ve	=	2,1877	ωo´	=	4,1342
re	=	0,5292	T	=	0,7599
W	=	2,1800	ζ	=	1,3160
F´c	**=**	**2,3072**	**F´N**	**=**	**1,8671**
Eo	=	4,3600	E^m	=	2,3072
ωo	=	4,1259	ωe	=	2,1877
εe	=	4,7862	εa	=	17,034
εo	=	8,8546	e	=	1,6022
G	=	6,6747	η	=	1,2356
Fc	=	2,3072	FN	=	1,8673

klassisch alternativ

Anmerkung:

Da Einwirkungen im Bohr´schen Paradigma die innere Dynamik eines Atoms reduzieren, gilt, wegen des operativen Größe ωo = ωo´ - Δω und der Parabelfunktion des Kraft Zeit-Produkts n. Seite 28, hinreichend genau auch der Wert ωo = 0,9975.... x ωo´, aber eben auch $h = 2\pi\, me\, \omega o\, re^2$.

Anmerkungen

Die Gravitationskonstante

Stellt man das Newton´sche und das Alternative Gravitationsgesetz gegenüber, so ergibt sich die Gravitationskonstante G in ihrer kürzesten, quasi kinematischen Form

$$G = 4\pi^2 \frac{\omega o'^2 \, re^3}{mp} \frac{\omega e^4}{\omega o^4} \sqrt{2}$$

mit dem Einheitenmix $m^3 / kg\, s^2$ und einem Zahlenwert von

$$G = 6{,}67(6) \quad m^3 / kg\, s^2$$

der durch - $\omega o'^2\, re^2 = v^2$ - die innere Dynamik der atomaren Bausteine verkörpert bzw. mit - $\omega o'^2\, re^3$ - oder auch - $v^2\, re$ - dem Joulemeter pro Massekilogrammquadrat entspricht. Näherungsweise geht auch:

$$G = 5{,}34 \frac{re^3}{mp} \sqrt{2} \quad 10^{-6} / s^2$$

Die Winkelgeschwindigkeit

Das Kraftverhältnis zwischen der elektrischen Feldkraft und der Gravitation, also das Wirkverhältnis zweier unterschiedlicher atomarer Prozesse, ist

$$\eta = \frac{e^2}{4\pi\, \varepsilon o\, G\, mp^2}$$

und wegen $v \sim a\,t$ bzw. $v \sim a$, mit der Zeit - t - als Multiplikator physikalischer Ereignisse, gilt auch

$$v^2 \sim a^2$$

Da $a = \varepsilon\ re$ ist, folgt damit, im Rahmen der Beschreibungsform,

$$v^2 \sim \varepsilon^2\ re^2$$

was die vierte Potenz bei der Winkelgeschwindigkeit erklärt.

$$\varepsilon = \omega^2 \;\Rightarrow\; \varepsilon^2 = \omega^4$$

Entsprechend gilt für den nicht operativen Wert der Winkelgeschwindigkeit

$$\omega o' = \left(\frac{e^2}{4 \pi\, me\, re^3\, \varepsilon o} \right)^{1/2}$$

So ist jegliche Kraftwirkung auf Quantenimpulse zurückzuführen und solange wir die innere Dynamik der atomaren Bausteine umlaufenden Elektronen zuordnen, eben dieser definierten Kinematik.

Die Realität entspricht wohl einem komplexen, aber in seinem Grundsatz vielleicht doch eher simplen inneren Vorgang, da, wie es die Erfahrung bei anderen Naturereignissen lehrt, Natur äußerst reaktionsfähig und damit sehr variabel sein kann.

Unsere Elektronen und unsere Kernbausteine, beide auf der Beobachtung von Kraftwirkungen begründet und der diese Partikel umgebende Raum, sind bei der Suche nach dem funktionellen Mechanismus als aktive Partner zu betrachten.

Ihr Verhalten bei räumlichen Einwirkungen, zum Beispiel bei mehreren Raumkoordinaten gleichzeitig, könnte eine Hilfe bei der Entschlüsselung des **Warums** sein.

Erwähnungen

Seite 15 **Vom Gottesteilchen zur Weltformel**
Rüdiger Vaas
ISBN - 978-3-440-13855-7

Seite 22 **Auf dem Holzweg durchs Universum**
Alexander Unzicker
ISBN - 978-3--446-43214-7

Das hässliche Universum
Sabine Hossenfelder
ISBN – 978-3- 103-87246-7

Seite 77 **Wie Klein ist Klein**
Kenneth W. Ford
ISBN – 978-3-550-08715-8

Seite 103 **Freie Energie für alle Menschen**
Claus W. Turtur
ISBN – 978-3-864-45116-4

Der Urprall
Ewige Ausdehnung oder ewige Wiederkehr
Rheinpfalz am Sonntag
v. 12. Januar 2020

Seite 120 **Gravitation**
Kosmisches Blut
Eduard Krausz
ISBN – 980 – 3-980-26630-3

Bildmaterial

Seite 40 Druckfeder aus dem Lieferprogramm
der dänischen Firma **SODEMANN**
Industrifjedre A/S - Hinnerup

www.sodemann-federn.de

ROBERT G. BRUNNER

Jahrgang 1944 studierte Ingenieurwissenschaften, Fachrichtung Maschinenbau in Mannheim. Als Vorstand und Geschäftsführer war er für nationale und internationale Industrieunternehmen tätig.

Auch wurde er in den Vorstand des VDMA (Industriearmaturen) und als Vice-President eines Joint-Venture-Unternehmens in China berufen, hatte den Vorsitz im VDMA - Wirtschaftsausschuss inne und fungierte als Beirat und Sachverständiger. Sein besonderes Interesse gilt Grundsatzfragen und Ursprünglichkeiten im Beziehungsdreieck von Physik, Technik und Biologie. Immer wieder ist er dabei auf nicht nachvollziehbare Darstellungen, speziell physikalischer Vorgänge, und deren Erklärungsversuche gestoßen. Seine übergeordnete Zielsetzung war und ist, ohne Bekanntes und Bewährtes zu verwerfen, offene Fragestellungen dieser naturwissenschaftlichen Disziplinen bereichsübergreifend beantworten zu können und eventuell vorhandene Gemeinsamkeiten zu finden.

Heute lebt Robert Brunner in Kirchheim an der Weinstraße, ist Mitglied der Ingenieurkammer Rheinland-Pfalz, war von 2009 bis 2019 Bürgermeister seiner Heimatgemeinde und arbeitet als Beratender Ingenieur. - www.ing-bn.com -